水浒智慧 3

赵玉平 著

电子工业出版社
Publishing House of Electronics Industry
北京·BEIJING

未经许可，不得以任何方式复制或抄袭本书之部分或全部内容。
版权所有，侵权必究。

图书在版编目（CIP）数据

水浒智慧 . 3/ 赵玉平著 . —北京：电子工业出版社，2024.5

ISBN 978-7-121-47729-4

Ⅰ. ①水… Ⅱ. ①赵… Ⅲ. ①人生哲学－通俗读物 Ⅳ. ① B821-49

中国国家版本馆 CIP 数据核字（2024）第 079101 号

责任编辑：张　冉
特约编辑：胡昭滔
印　　刷：三河市君旺印务有限公司
装　　订：三河市君旺印务有限公司
出版发行：电子工业出版社
　　　　　北京市海淀区万寿路173信箱　邮编：100036
开　　本：720×1000　1/16　印张：14　字数：215千字
版　　次：2024年5月第1版
印　　次：2025年2月第4次印刷
定　　价：69.00元

凡所购买电子工业出版社图书有缺损问题，请向购买书店调换。若书店售缺，请与本社发行部联系，联系及邮购电话：(010) 88254888，88258888。

质量投诉请发邮件至zlts@phei.com.cn，盗版侵权举报请发邮件至dbqq@phei.com.cn。

本书咨询联系方式：(010) 88254439，zhangran@phei.com.cn，微信号：yingxianglibook。

代序
小人物的大舞台

在解读水浒故事的过程中,我有一个奇妙的发现,《水浒传》第九十回里出现了一个神秘人物,这个人的名字叫许贯中,他是燕青的旧相识,两个人在双林镇久别重逢。水浒传以前的章节都是刀光剑影打打杀杀,唯独这一段写得非常恬淡静美,原文是这样的:

两个说些旧日交情,胸中肝胆。出了山僻小路,转过一条大溪,约行了三十余里,许贯忠用手指道:"兀那高峻的山中,方是小弟的敝庐在内。"又行了十数里,才到山中。那山峰峦秀拔,溪涧澄清。燕青正看山景,不觉天色已晚。但见落日带烟生碧雾,断霞映水散红光……

且说许贯忠引了燕青转过几个山嘴,来到一个山凹里,却有三四里方圆平旷的所在。树木丛中,闪着两三处草舍。内中有几间向南傍溪的茅舍。门外竹篱围绕,柴扉半掩,修竹苍松,丹枫翠柏,森密前后。许贯忠指着说道:"这个便是蜗居。"……贯忠携着燕青,同到靠东向西的草庐内。推开后窗,却临着一溪清水,两人就倚着窗槛坐地……童子点上灯来,闭了窗格,掇张桌子,铺下五六碟菜蔬,又搬出一盘鸡,一盘鱼及家中藏下的两样山果,旋了一壶热酒。贯忠筛了一杯,递与燕青道:"特地邀兄到此,村醪野菜,岂堪待客?"燕青称谢道:"相扰却是不当。"数杯酒后,窗外月光如昼。燕青推窗看时,又是一般清致。

> 云轻风静，月白溪清，
> 水影山光，相映一室。

燕青夸奖不已道："昔日在大名府，与兄长最为莫逆。自从兄长应武举后，便不得相见。却寻这个好去处，何等幽雅！象劣弟恁地东征西逐，怎得一日清闲？"贯忠笑道："宋公明及各位将军，英雄盖世，上应罡星，今又威服强虏。象许某蜗伏荒山，那里有分毫及得兄等。俺又有几分儿不合时宜处，每每见奸党专权，蒙蔽朝廷，因此无志进取，游荡江河，到几个去处，俺也颇颇留心。"说罢大笑，洗盏更酌……

次早洗漱罢，又早摆上饭来，请燕青吃了，便邀燕青去山前山后游玩，燕青登高眺望，只见重峦叠嶂，四面皆山，惟有禽声上下，却无人迹往来。山中居住的人家，颠倒数过，只有二十余家。燕青道："这里赛过桃源。"燕青贪看山景，当日天晚，又歇了一宵。

很显然，这几段文字为燕青后来的归隐埋下了伏笔。特别值得注意的是，许贯中和罗贯中只有一字之差，许贯中者，许诺给罗贯中也。有人一直在猜测《水浒传》后半部分内容为罗贯中所写，根据这个人物的名字，我们可以推测一下，此人是否是罗贯中亲自下场，在作品里为自己的观点代言？并且对话的另一方不是别的英雄好汉而是浪子燕青，足见作者对燕青这个人物的偏爱程度。

经常有人讨论一个话题，水泊梁山一百零八条好汉，谁的结局是最好的，答案应该是燕青。燕青是梁山团队里少有的文武双全、多才多艺，既有本领，又有颜值的好汉，他精通武艺，擅长相扑弩箭，身手敏捷，令人赞叹。而且他吹弹唱舞样样精通，聪明伶俐，机智过人，常常能在危急关头化险为夷。无论是搭救卢俊义展现的忠勇，东京见皇帝表现出的机智，或是泰安打擂展示的武艺高强，都令人印象深刻。他本领高强，重情重义，不负恩主，不负兄弟；同时又能审时度势，急流勇退，保全自身。帅哥燕青，简直就是《水浒传》里最接近完美的男人。

读《水浒传》有三个人的故事不能错过，一个是武松的故事，一个是

林冲的故事,还有一个就是燕青的故事。在我们这套"水浒智慧"系列书籍中,这三位英雄也是重点。而燕青的故事尤其特别,对我们深刻领会职场中为人处世的方法颇有借鉴意义。

《水浒传》的第七十二回讲到了这样一个细节,宋江要见李师师,带着一群人贸然登门肯定是不妥当的,所以他派燕青去打前站。在职场上,大家也经常遇到这种情况,两个公司的高层要碰面谈事。双方都要派人进行前期的接触,或者说一个公司的高层要到另一个公司去访问,通常不会贸然前往,而是先派出一两个人去打前站,沟通一下信息,确认一下日程,另外也公布一下身份。

在宋江出差的一路上,燕青并没有挑肥拣瘦,领导安排让做什么,他就认认真真做什么。这一次宋江派他去打前站,他高高兴兴地就去了。按常理来说,登门拜访一是要介绍身份,二是要说明来意。大概能想到的方式就是自我介绍:我是水泊梁山公司的某某,我们的领导要见你家的李小姐,请你安排一下。为了联络感情,可能再递上点土特产,说两句好话,不过燕青做得就高明很多。他一出场就装作李妈妈的熟人,上来之后先拜了三拜,然后饱含感情、热泪盈眶地说:"李妈妈你还记得吗?我就是从前那个小孩张闲啊。这位李妈妈岁数大了,曾经遇到的张姓年轻人多了去了,她哪记得起来啊?所以仔细想了想,就顺口说,莫不是太平桥下的那个小张闲。燕青说,"对啊对啊,我就是啊!"大家想一想燕青为什么上来就装熟人?其实原因很简单,李师师的身份特殊,不肯随便见人。李妈妈对陌生人都是有戒心的,燕青上来就装熟人,一下子就消除了对方的戒心。

第一步棋走完了,还有第二步。燕青自我介绍说:我现在在一个员外手下办事,员外的生意做得非常大,腰缠万贯、富可敌国。这次专程来东京登门拜访,而且准备了厚礼,有千百两金银相送。李妈妈在风尘中混事,她是个贪财之人,不认人、只认钱。所以一听说有千百两金银,李妈妈眼睛都亮了,就动了贪心。到此为止,燕青又走了第三步棋,他告诉李妈妈，我家员外只求和娘子同席一饮，别无他求，这个是为了让李妈妈安心，告诉她我们没有过多的想法和要求。当下的李妈妈就高兴地说：快把你家员外请进来。我们不难看出，燕青这套打前站的工作做得周周到到、妥妥帖帖。

燕青的做法给我们的职场启示就是：

> **智慧箴言**
>
> 年轻人就是应该手脚勤快、不挑肥拣瘦，逢人出头、遇事收尾。懂的事情多跑跑腿，不懂的事情多动动嘴。

该张罗就张罗，该请教就请教。多做事多长本事，多露脸多抓机会。这些经验确实都是值得我们去学习和借鉴的。

水泊梁山的浪子燕青确实是一位颜值高、本领高、智商高、情商高的"四高"英雄好汉。而且燕青不仅会打擂，还会打杂。大家注意，年轻人进入一个新公司，被安排的第一份工作往往就是打杂。那么有人就扛不住了，觉得委屈、无聊、被冷落，其实这样的想法是错误的。

燕青到了水泊梁山以后，被安排的第一份工作就是打杂。不过燕青打杂也打出了精彩，打出了水平。而且他在打杂过程中表现出的独特技能、专家水准，让所有人都特别佩服，以至于宋江每次外出办事一定要带着燕青，燕青成了打杂的专家，简称"杂家"。最终，梁山英雄排座次的时候，在三十六员正将中也给燕青留了一个名额。通过这一段有趣的水浒故事，我们可以看到，年轻人在公司里打杂也是成长进步过程中的一个关键环节，是必须认真做好的。我们从燕青的经历当中，可以看到打杂工作应该注意的四个要点。

第一是用心。宋江派燕青去探探路、踩踩点，燕青不仅把情况摸清楚了，而且以宋江的特使的身份跟对方进行了接触，送了礼物，表达了善意，联络了感情，把宋江没有说到、没有想到的细节都做得妥妥帖帖。

这份主动性和精细劲儿，肯定会受到领导的认可和赞赏。打杂工作最忌讳的就是被动状态，比如推一推才动一动，安排什么我就做什么，不用心思不动脑子，不能举一反三。如果是这种不用心的状态，肯定很快就会被淘汰。

第二是留心。打杂工作的重点在于能跟上上下下、前后左右各方面的人进行接触，大到战略决策，小到端茶倒水，所有的事务都能参与。处在这个特殊的位置上，一定要做一个有心人，留心各方面的信息，留意各方面的情况，把这些内容装在脑子里、记在本子上，这其实是在职场上快速成长的过程。大家想一想，一个年轻人，就算是985、211大学的优秀毕业生，刚进入职场的时候，脑子里更多的是本专业的那些来龙去脉，对公司里上上下下的情况，行业中前前后后的情况，知道的可能不多，在广度、宽度、高度、深度各个方面都是有欠缺的，而打杂的工作其实就是弥补这种欠缺的，这就相当于深山练剑，积累的是内力。

第三是耐心。既然是打杂工作，所以各种人都会来找你，各种事情都可能参与，而且往往做的都是一些边边角角的、鸡毛蒜皮的工作，在这种情况下就要把态度拿出来，把热情表现出来。打杂工作首先考验的不是能力，而是耐力。在做琐碎小事的过程中，把自己的责任感、忠诚度、稳定性都表现出来，上司看到你做小事都能表现得这么好，才会安排你去做大事。作为一个打杂的年轻人，你随时要有这样的认知：周围的人都在通过这一件件小事观察我的综合素质。所以，你在打杂时，人家在打分，这张答卷一定要答好。

第四是虚心。千万不要自以为是、自命不凡，觉得我是个优秀毕业生、高级人才，来了就得安排重点工作，你让我端茶倒水就是看不上我，就是瞧不起我，就是浪费人才。这种自命不凡的心理是非常可怕的，其实打杂工作就是一个形象工程，在这个岗位上要接触上上下下很多人，在这些领导和同事面前要树立自己的良好形象，这样自己将来的职场发展才能越来越顺、越来越好。

在燕青的故事里，我们不仅能看到自我管理的方法与个人发展的思路，还能看到组织人事的策略。在现实生活中，我们会发现，在一些单位或部门里总有一些刺头型的员工，这样的人脾气大、性子急、不好管，同时他往往又是骨干，能力突出、业绩突出，某一个领域还真就离不开他。对于这样的刺头型员工应该如何加强管理呢？这是一个很有趣又很有挑战的问题。

《水浒传》中的李逵就是这样一个不好管的角色，宋江带李逵去东京汴梁看元宵灯会，为了加强对李逵的监管，他给李逵安排了一个搭档，这就是浪子燕青。燕青不光机灵、会沟通，而且有一身好本事，尤其擅长摔跤。李逵敢不服，燕青伸手就能摔他一个跟头，在梁山好汉当中，燕青真的能让李逵心服口服。这个管理方法叫"结对子"，正所谓"一物降一物，卤水点豆腐"。通过安排搭档的方式，可以有针对性地把这些刺头管得妥妥帖帖的。而且在"结对子"的过程中，不光要给他找队友，还可以给他找对手。比如说可以在霹雳火秦明和黑旋风李逵之间搞一个业务竞赛，或者让金枪手徐宁与双枪将董平同时做两件相似的任务，促进他们俩之间的比学赶超。适度的内部竞争会让一个人增加紧迫感，同时让他增加认同感，能够更好地服从命令、配合工作。那么从根本上讲，以前我们在讲人才管理中有一句话是至关重要的，就是"千里马不要草料，千里马要的是草原"。那些有本事的人才都喜欢施展一技之长，做自己擅长的事情，所以大家看孙悟空之所以认同取经团队、离不开取经团队，有一个非常重要的原因就是，在这个平台上，悟空可以做自己擅长的事情，可以发挥自己的优势来建功立业。

梁山团队也是这样，英雄排座次给每个人都搭了一个平台，让每个人去做自己擅长的事情，这种方法就是"搭台子"。具体来说就是整合资源、协调关系，搭一个平台让对方去做自己擅长的事情，建功立业、取得发展。对于一个人才来说，拥有施展的平台，看到发展的未来，这些都是至关重要的。刺头型的人确实不好管，既然不好管，那么我们可以少说

话，多采取一些针对性的措施。这些措施都是针对其需求特征量身定做的，包括但不限于"结对子""带箍子""搭台子""入模子""留位子"，总的来说就是量身定做、攻心为上。

燕青刚刚到梁山的时候，只是卢俊义的一个小跟班，属于那种不起眼的小人物，凭借自己的出色能力和积极努力，燕青找到了属于自己的大舞台。他的成长过程对我们每个人其实都是有启迪作用的。最重要的经验有两个：第一，不能负责核心业务，也要想办法参与核心流程；第二，通过展示稀缺性，增加自己的重要性。这样的做法在鼓上蚤时迁身上也有明显的体现。我一直觉得，水浒故事最吸引我的不是那些打打杀杀、喝酒吃肉的场面，而是梁山团队发展壮大过程中所表现出的带队伍的方法、识人用人的谋略，以及沟通合作的智慧。确实应了那句话——江湖不是打打杀杀，江湖是人情世故。

"水浒智慧"这个主题，前前后后在央视《百家讲坛》栏目讲了四部共49集，我一直秉持的原则就是：去粗取精，去邪取正，透过现象看本质，透过故事找规律。一方面对《水浒传》文本进行了全方位的解读，一方面也综合运用了管理学、心理学和博弈论等现代理论方法。我们有幸生活在文化繁荣、文化自信的年代，在传承传统文化的过程中，我认为一定要有筛选、有分析、有扬弃，要做到与时俱进，跟上时代发展的步伐，回应当代人的需求，结合当代的文明成果。为了实现这样的目标，寒来暑往几度春秋，我苦思冥想，度过了很多不眠之夜，这些也算是对自己的一次次挑战吧。现在回头看五年以前写的稿子、录的课程，有很多遗憾、很多感慨、很多不满意，然而比较欣慰的是，自己的态度一直是诚恳认真的，在这本书打开的一方小天地里，自己的热爱与执着一直都在！

再回首，汗水已干、青春已远，从三国到水浒，十年了！再一次感谢央视百家讲坛录制团队的辛苦付出，感谢出版社各位老师的帮助与支持，感谢我们九思书院和"平讲平说"公众号团队的小伙伴们多年来的不懈努力。

当您打开这本书的时候，我们已经是老朋友啦！谢谢您对文化的关注、对名著的热爱，谢谢您对本书的厚爱与支持！谢谢！

赵玉平

北京九思书院

2024年5月

序言

方其梦也，不知其梦也。梦之中又占其梦焉，觉而后知其梦也。

——庄子

如果说这本书是一碗打卤面，那面条是《水浒传》内容，浇头卤子则完全是我的手艺；如果说这本书是一份盖浇饭，那米饭就是《水浒传》内容，盖浇炒菜则完全是我的手艺。

我是在小县城看小人书、听收音机长大的，我想把书写给大城市里玩手机、聊微信的一代人看。我想在讲水浒的书里，谈谈水浒以外的世界。这种感觉痛苦而又充满了诱惑力。

我喜欢躺在老家炕头阅读的感觉。远处的九龙山蜿蜒起伏，早春的窗台上，桑叶牡丹、三角梅、仙客来都在盛开，窗外的柳树也隐隐有了绿意。从牡丹园到芍药居，从明光桥到西旮旯，家人和朋友一次次询问我，书稿进展得怎样了。在回答过十几次"快了"之后，终于可以如释重负地说"完成了"。这部几个月内修改过十几版的书稿，终于要出版了。

这本书核心人物是四位梁山好汉——玉麒麟卢俊义、浪子燕青、病关索杨雄、拼命三郎石秀，基本上是央视《百家讲坛》系列节目"水浒智慧第三部"的内容，我又做了一些局部的调整和增减。从2009年开始，我投

入央视《百家讲坛》节目的录制当中，前后录了八个主题的节目，其中包括关于三国的四个、关于水浒的四个。基本上，每年录制一个主题。在八年时间里，每个月都要熬几个通宵，在无数的不眠之夜反复琢磨。那种天黑写出来，天亮又删干净，一夜只写出几百字的艰辛感觉，至今让我记忆犹新。

这本书有一半左右的内容是写梁山好汉浪子燕青的。燕青是我钟爱的一个人物，为了写好这个人物，我颇费了一番心思。第七讲的"燕青打擂"是高潮部分。凡是精彩的描写都会有一点场面的铺垫。燕青打擂，场面铺垫得特别足，先是宋江怀疑，然后是店小二怀疑，接着是太守（知州）怀疑，所有人都怀疑燕青打不过擎天柱。人物关系铺垫足了，作者又给燕青打擂做了一个景物的铺垫，只听部署喊了一声："看扑"。当时的景色是什么样的呢？"宿露尽收。旭日初起。"大家想想那场面，一万多人，鸦雀无声，静悄悄地看着那擂台上。天已经亮了，露水已经干了，草木都闪烁着光芒，红日升起来，阳光像水一样洒满大地。在这样的壮丽景色当中，一番生死大战开始了。

《水浒传》里有很多打斗描写，其中展现的武功大多简单实用、狠辣干脆。燕青打败擎天柱所用的绝招叫作鹁鸽旋。在《百家讲坛》节目现场，我还简单模拟了一下这个格斗动作：擎天柱眼花缭乱，他身长力大，重心高，连续转身，脚下这步伐可就乱了。燕青从他胳膊下钻过去。等擎天柱再一回身，燕青抓住这一瞬间，伸右手扭住擎天柱，左手向下走，从他裆下插过，身子一歪，用肩膀抵住擎天柱的胸脯，一使劲儿，就把两米多的擎天柱给扛起来了。擎天柱只觉得头重脚轻，整个人天旋地转。燕青把擎天柱举到空中，借着惯性连续转了几圈，喊了一声"下去"，一撒手，擎天柱就像个陀螺一样，转着圈就下去了，"啪"的一声摔到台下。这一扑，名唤做鹁鸽旋，数万看官看了，齐声喝彩。

其实很多人没有注意到，《水浒传》在写燕青的时候，还加入了一个神秘人物，这一段叫"双林镇燕青巧遇故友"。大军走到双林镇，燕青碰到一个老朋友，叫许贯忠。他神秘在哪儿呢？神秘在他叫贯忠。各位想一想，还有一个人也叫贯中，即罗贯中。"许"是许诺的"许"，是以身相许的"许"。因此，这个许贯忠很有可能就是罗贯中的化身，作者把自己写到小说里去跟燕青交流，他是想展示一下自己的人生态度和人生理想。（有学者研究后得出结论，《水浒传》是施耐庵和罗贯中的联合作品，特别是《水浒传》的后半部分都是罗贯中的手笔。）燕青和许贯忠是老朋友，故友见面分外亲切。许贯忠邀请燕青到自己的隐居之处小住几日。但见落日带烟生碧雾，断霞映水散红光。走来走去，已经是傍晚时分，霞光掩映之下，有几座精致的草房，这就是许贯忠的家。写到这儿，《水浒传》的作者在写尽了刀光剑影之后，突然笔锋一转给我们做了一番静美的景色描述。在《水浒传》所有的故事里，许贯中这段故事写得最独特，没有对话，没有人物，没有纵横天下、刀光剑影，偏偏全是景色描述，而且写了三次。注意，《水浒传》在刀光剑影当中连续三次写景色，为什么？实际上是作者在表达两层意思。

第一层意思，燕青有归隐之心，他热爱桃源美景，将来要融入这个景色当中，要在这归隐。

第二层意思，作者借这段描述，通过许贯忠这个人物，在向我们表达自己的人生理想和生活态度。很多人都认为作者写《水浒传》，最终的理想就是接受招安，但是作者通过许贯忠和这三次景色描写告诉大家：我是想要归隐的人。

水浒的故事家喻户晓，把人人耳熟能详的故事讲出新意是一个很大的挑战。写书的过程其实就在不断重复两个动作：（1）梳理脉络，筛选细节。这个动作我把它称为"剥与淘"，取剥离淘洗之意。（2）描述事件，分析规律。这个动作我把它称为"述与造"，取叙述创造之意。在传统的文、史、哲框架之外，书里大量运用了管理学、心理学和博弈论的知识，借助这种新的解释方式和分析角度，避免了解读水浒落入老生常谈、内容雷同的误区之中。在分析人物故事过程中，我也探讨了一下经典的问题，比如下面这些问题。

关于幸福，幸福等于手里拥有的除以心里想要的。一个人有一个亿会幸福吗？不一定，手里有一个亿，心里想要十个亿，一除以十等于零点一，这叫荣华富贵，痛不欲生。这么多年就攒了二十万块钱，幸福吗？有可能，父母安康、家庭和谐、孩子成长、工作稳定，同事关系也很好，自己在做着有意义的事情，我觉得有五万就够了。二十除以五等于四，这叫粗茶淡饭，其乐融融。因此，人生获得幸福有两条路：第一，在分子上做加法，不断进取；第二，在分母上做减法，节制自己的欲望，不要过于贪婪。

关于交友，彼此有缺点才是正常的，有缺点才是可靠的，稳定的人际关系都是基于缺点展示和缺点认同的关系。交朋友，能在一个月之内看到对方的缺点和不足，这是好事情，说明他有坦诚、你有理性、优点可用、缺点可控。

关于自大，一只骆驼站在羊群当中，有了十分强烈的优越感，原因无非有三个：第一，来自羊群的羡慕嫉妒恨太多；第二，身边的朋友都是羊这样的，没有别的骆驼；第三，不知道世界上还有大象和鲸鱼。当遇到一个优越感特别强的人时，我们没必要批评他自高自大，而是要提醒他，该提升朋友圈的档次，认识一些高手了。

现在回头再看这些文字，其实有点忐忑。出版一本书的心情有点像送自己的孩子去上学，明知道他有很多毛病，却又期待他被接受，同时又担心他被拒绝，这正是我此刻心情的写照。

谢谢《水浒传》给了我一个属于自己的空间和世界；感谢央视《百家讲坛》栏目组和电子工业出版社的各位老师，谢谢你们的鞭策和鼓励；感谢这些年来我教过的学生，大家的关注成全了我；最后要感谢各位读者朋友的支持，当打开这本书时，你就开启了我们这次没有声音的聊天之旅。

第三部的书稿终于画上句号。写作其实也是在和自己对话，我一直在尝试把一些关于生活或生命的思考放到对水浒人物的解读之中。天地悠悠，世界忽远忽近，心绪忽高忽低，做梦中梦，见身外身。梦是谁家梦，身是哪个身……

赵玉平于北京九思书院

第三部　好汉的成长故事

第一讲	李逵出差	3
第二讲	卢俊义的优越感	19
第三讲	轻信的代价	35
第四讲	帅气新人受欢迎	52
第五讲	兄弟误会起风波	68
第六讲	小人物的大舞台	85
第七讲	燕青的幸福规划	104
第八讲	服众的威力	120
第九讲	杨雄的烦恼	137
第十讲	回避冲突寻良策	160
第十一讲	有缺点的朋友才是真朋友	182

后　记　　　　　　　　　　　　　　　　　　　　201

第三部

好汉的成长故事

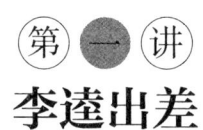

李逵出差

在工作中，有一些人虽然存在着缺点，但如果能够根据他们的特长来安排适合他们的工作任务，往往就能取得他人无法替代的效果，这也是对单位领导用人智慧的一大考验。在《水浒传》中，李逵的形象可谓深入人心，他外形彪悍，武功高强，但行为粗鲁，喜欢招惹是非，只要他一出场，往往会把事情闹得天翻地覆。然而就是这样一个行为、做事极不靠谱的人，在一次意义重大的出差行动中，军师吴用偏偏选择带上他。那么聪明的吴用为什么非要带上爱惹事的李逵？这其中又展示了吴用怎样高超的用人智慧呢？

有人问我什么最宝贵？其实，这个问题可以有多样的回答，比如时间最宝贵、机会最宝贵、爱最宝贵、生命最宝贵，几乎所有稀缺的东西都能称得上宝贵。根据这个稀缺原理，我给大家一个答案，其实注意力也是宝贵的。我们生活在一个信息爆炸的时代，在我们身边有海量的信息，所以当你做出一个选择的时候，注意力就变得特别稀缺。在这种情况下，一旦面对选择，我们往往会茫然不知所措。

比如面对几十款手机不知道买哪款，面对上百款衣服不知道选哪件，面对几十所学校不知道报哪所，面对一堆饭菜不知道点哪个……所以我看到有人吐槽，说谈恋爱就像买衣服一样，有好多款式，挑来挑去，后来才发现其实款式并无太大区别，一件一件地试了好多件，总觉得这一件不如上一件，最后还是回到第一件。最要命的是，发现这一件怎么看也不像原来的那一件了。那感觉真是不知所措！有一句俗话，叫"挑花了眼"，说的就是这种情况。

在这个信息爆炸的时代，无论选择还是被选择，每一个人都面临注意力稀缺的挑战。如何在短时间之内吸引眼球，脱颖而出，获得别人的关注，这是一个非常重要的问题。我们这一讲的内容就是围绕这个话题展开的。

细节故事：约法三章管李逵

北宋徽宗年间，北京大名府地处南北交通要道，是大宋经营多年的北方军事重镇。大名府地方长官梁中书是太师蔡京的门婿，此人文武兼备，手眼通天。这座大名府在他的治理下比别处又有不同，那真是城池高大、人口稠密、商业发达、歌舞升平，一派繁荣景象。

这一天，通往北京大名府的官道依然人流熙熙攘攘，一派太平景象。在人群当中，晃晃悠悠来了一个长相古怪的道童，戗几根鬅松黄发，绾两枚浑骨丫髻，黑虎躯穿一领粗布短褐袍，飞熊腰勒一条杂色短须绦，穿一双蹬山透土靴，担一条过头木拐棒，挑着个纸招儿。往脸上看，此人面如黑铁黑中透亮，两道刷子眉，一对环眼，目露凶光。这个长相古怪的道童在人群中十分显眼，时不时引得行人侧目。他自己倒完全不在意，只顾大步流星地赶路。要问这个人是谁，他正是梁山好汉天杀星黑旋风李逵。

李逵这一次来大名府，可有一个重要的任务。他陪着军师吴用来大名府，要面见河北首富玉麒麟卢俊义，准备想一些办法把卢俊义拉上梁山去，让他入伙，然后大家共同对付曾头市的史文恭。

乔装改扮深入敌后是一个精细的活儿，它不应该是李逵这样的人能干

的啊！智多星吴用挑选好汉去大名府，李逵抢先请令，宋江对此是彻底反对的。见李逵嚷嚷着要随吴用前往北京大名府，宋江喝道："兄弟，你且住着！若是上风放火，下风杀人，打家劫舍，冲州撞府，合用着你。这是做细的勾当，你性子又不好，去不的。"李逵道："你们都道我生的丑，嫌我，不要我去。"宋江道："不是嫌你。如今大名府做公的极多，倘或被人看破，枉送了你的性命。"李逵叫道："不妨，我定要去走一遭。"一边是宋江严词拒绝，一边是李逵坚持要去，两个人就争执起来了。

怎么办？接下来看吴用用了什么办法。吴用不拒绝李逵，而是耐心谈条件。吴用道："你若依的我三件事，便带你去；若依不的，只在寨中坐地。"李逵道："莫说三件，便是三十件，也依你！"

吴用道："第一件，你的酒性如烈火，自今日去便断了酒，回来你却开；第二件，于路上做道童打扮，随着我，我但叫你，不要违拗；第三件最难，你从明日为始，并不要说话，只做哑子一般。依的这三件，便带你去。李逵道："不吃酒，做道童，却依的；闭着这个嘴不说话，却是鳖杀我！"吴用道："你若开口，便惹出事来。"李逵道："也容易，我只口里衔着一文铜钱便了！"约法三章确实有作用，吴用扮作师父，李逵扮作哑巴道童，二人往北京去，行了四五日路程，却遇天色晚来，投店安歇，平明打火上路……行了几日，赶到北京城外店肆里歇下。当晚李逵去厨下做饭，一拳打的店小二吐血。小二哥来房里告诉吴用道："你的哑道童，我小人不与他烧火，打的小人吐血。"吴用慌忙与他陪话，把十数贯钱与他将息，自埋怨李逵。不在话下。过了一夜，次日天明起来，安排些饭食吃了。吴用唤李逵入房中，吩咐道："你这厮苦死要来，一路上呕死我也！今日入城，不是耍处，你休送了我的性命！"李逵道："不敢，不敢！"吴用道："我再和你打个暗号。若是我把头来摇时，你便不可动弹。"李逵应承了。两个就店里打扮入城。

此时天下各处盗贼生发，各州府县俱有军马守把。惟此北京是河北第一个去处，更兼又是梁中书统领大军镇守，如何不摆得整齐！

吴用、李逵两个来到城门下，门口几十个当兵的，簇拥着一个军官，坐那儿盘查路人。吴用向前施礼。军士问道："秀才那里来？"吴用答道："小生姓张名用。这个道童姓李。江湖上卖卦营生，今来大郡与人讲命。"身边取出假文引，教军士看了。众人道："这个道童的鸟眼，恰象贼一般看人。"这可不要紧，黑旋风李逵那是什么脾气，李逵听到，正要发作。吴用慌忙把头来摇，提前有约定啊，一摇头就不能动，李逵便低了头。吴用向前与把门军士陪话道："小生一言难尽！这个道童又聋又哑，只有一分蛮气力，却是家生的孩儿，没奈何带他出来。这厮不省人事，望乞恕罪！"

二人就这样顺利地通过了城门。

《水浒传》中的李逵有着出了名的臭脾气，一旦遇到不顺心的事儿，他马上就会挥拳头、抡板斧，拼命地折腾，不把事情搅个天翻地覆决不罢休，可以说哪里有李逵，哪里就会鸡飞狗跳出状况。在一个单位里，也常常会有这种脾气暴躁之人，那么作为单位的管理者，我们究竟应该怎样管理并用好这样的人呢？

吴用给我们做了一个榜样，跟脾气不好的人合作，要提前立三个规矩。

第一，就是管住他的偏好。有人爱喝酒，有人爱打牌，有人爱唱歌，有人爱玩游戏，他一玩得高兴，就特别容易失控，所以第一要管住他的偏好。

第二，要规定他的任务。你看吴用给李逵的任务就是扮作道童，让他当助手和服务员，该干什么不该干什么，提前都规定清楚。

第三，限制他的沟通。脾气不好的人，如果不限制沟通，遇到鸡毛蒜皮的小事，就能跟身边的人吵起来。例如，开车去草原上玩，路过小县城，他下车买瓶水，能跟卖水的争吵半个小时。因此，我们要限制他的沟通，像这种与人打交道的事情干脆就别让他去办了。吴用想了个极端的办法，让李逵含着一文铜钱装哑巴，这个限制方法挺好。

另外，吴用发现，光有这三道紧箍还不行，还得设定一个叫停机制。交朋友也好，谈恋爱、过日子也好建议大家提前定一个叫停机制。比如，如果有一个人摇手，大家就不要说话了；如果有一个人作揖，大家就要平息一时的怒火。我见过两口子定过的一个规矩：两个人吵架，不管吵到什么程度，只要有一个人把花瓶搁桌上，双方都不能说话了。这个机制挺好，可以有效防止情绪失控的时候，大家说不该说的话，做不该做的事情。

吴用给李逵定的叫停机制就是吴用摇摇头，李逵就不要说话了。另外，吴用很高明，一看这个当兵的看李逵不顺眼，就来一个自己人骂自己人。其实自己人骂自己人，为的就是通过自我贬低，争取别人更大的谅解空间，自己人骂完了别人就不骂了。就这样，两个人终于顺顺当当地进了北京大名府。

可是，大家想一个问题：北京大名府驻有重兵，李逵这个人这么显眼，脾气又这么不好，万一有点儿风吹草动，露出一些破绽被人发现了，整个行动岂不就失败了吗？为什么冒这么大的风险，非要带黑旋风李逵去大名府呢？其实，梁山好汉里有很多人可以带，一般这种乔装改扮、通风报信的事，首选的是神行太保戴宗，接下来可以选赤发鬼刘唐、九纹龙史进，实在不行可以选毛头星孔明、独火星孔亮、小温侯吕方、赛仁贵郭盛。为什么这一次非要带李逵，这样做可能有三点原因：第一点，李逵武艺高强，可以保护吴用；第二点，这个铁牛非闹着要去，他跟宋江关系又那么好，不好惹他；第三点，也是最主要的，李逵形象古怪，特别惹眼。李逵这个形象极易吸引别人的注意力，这可以成为缺点，也可以成为优点。

你看，城门口那几个当兵的放眼望去，立刻就发现李逵。李逵这个形象可以让人过目不忘，这个特点用好了，其实也是一个优势。因为吴用这次来北京大名府，有一个必须在短时间之内完成的任务，就是要吸引眼球、惹人注意。吴用为什么要做这件事情呢？我们要从根儿上说起。

熟悉水浒故事的朋友都知道，在《水浒传》的第五十九回，天王晁盖曾头市中箭，死于史文恭之手。水泊梁山被曾头市杀得大败，所以宋江和吴用商量，要去大名府邀请河北玉麒麟卢俊义上梁山，共同对付曾头市的史文恭。此次吴用带李逵来北京大名府就是为了完成这个任务。卢俊义可谓河北首富，要风得风，要雨得雨，过着滋润的富豪日子，他可能上梁山吗？不要说当面说服他上山落草，有可能面都见不上。你跟他也不认识，他的微博、微信、邮箱、手机，你都不知道，没有沟通渠道，去大名府等于大海捞针，光靠在街上转悠，怎么可能认识河北首富呢？吴用到了北京大名府，有一个非常艰巨的任务，就是必须吸引卢俊义的注意，然后争取快速见面，当面沟通。如果连见面的机会都没有，那么后边所有设计都是枉然。

吴用真不愧是智多星、《水浒传》第一智谋高手，他使用了一套非常精彩的传播妙招，很快就吸引了卢俊义的关注。

前边我们讲了，在这个信息爆炸的时代，由于信息过量，注意力非常稀缺。大名府有那么多人，怎么能一出现在街头，就让卢俊义注意到你呢？智多星吴用用了一套特殊的方法，叫作差异化传播策略。所以，如果我们回到这个简单的问题：在信息爆炸的背景下，如何快速获得别人的注意，答案就是差异化。我用两个例子来佐证。

水果一条街的经历

有一年，我和几个朋友去南方某城市旅行。因为当地盛产水果，我们就想买点水果带回去，就去了当地有名的水果一条街。街口第一家感觉很好，店面干净、果品丰富，老板娘态度也很好。门口还站着一个小女孩，手里拿着一个托盘邀请路人免费品尝。可让人崩溃的是，放眼望去，整个一条街全是水果商店，一水的店面干净、果品丰富。老板娘们不光态度很好，连长相都差不多。家家门口都站着一个漂亮小女孩，手里拿着一个托盘邀请顾客免费品尝。这么多家到底买哪家呢？整个一条街转下来只有一个感觉,就是晕!

最后我们买的是谁家的呢?买的是酒店旁边的一家。这一家没有免费品尝的水果,但它有一个独特之处,店门口蹲着一只大肥猫,胖乎乎的,特别可爱。逗完猫,我们就在这家买了水果。一只独特的猫锁定了我们的注意力,真是一只招财猫啊!

在信息太多、无法处理的情况下,与众不同的差异化才能带来关注。水果一条街的经验告诉我们,要吸引眼球抓住客流,必须造就与众不同的差异化,只有差异化才能锁定注意力。

薛仁贵白袍抢眼的故事

在中国历史上也有类似的案例。大唐贞观十九年(公元645年),李世民御驾东征。当时薛仁贵只是东征队伍中的一个小兵,没有战功,也没名气。在辽东战役中,有一个著名的战役,叫安市之战。两军几十万人绞杀在一起,李世民站在山头上观战,放眼望去,战场形势混乱惨烈。那个时代没有望远镜,所以根本也看不清具体的人或者具体的战斗场面。

听说皇帝在山头上观战,薛仁贵就拿出了随身带的包袱,里面装的是白盔白甲素罗袍。他换上战袍,然后转身杀入万马军中。李世民站立山头之上,放眼望去,只见万马军中喊杀连天,有一个白袍小将左冲右杀,所向披靡,一下就被吸引住了。战后,大唐皇帝亲自接见了还是小兵的薛仁贵,赐马二匹、绢四十匹,并提拔他为游击将军、云泉府果毅。薛仁贵一战成名。唐太宗还留下一句名言:"拿下辽东我也没啥高兴的,高兴的是得到了薛仁贵这样一员大将啊!"薛仁贵通过白袍这个差异化策略,在关键时刻吸引眼球,获得了足够的关注。

综上所述，我们能得到一个结论：只有差异化才能锁定注意力。吴用也明白这个道理，他必须运用适当的差异化策略来吸引卢俊义的注意力。我们来看一看吴用是运用怎样的差异化策略来吸引卢俊义关注的。

脾气暴躁、爱惹是生非的李逵是《水浒传》中个性最为鲜明的梁山好汉之一。然而，鲁莽好斗的他却在梁山的这次出差行动中，成了最合适的人选。卢俊义身为地方豪强，富甲一方，如何接近他成了吴用首先遇到的难题。为了吸引卢俊义的注意力，吴用都采取了什么好办法？在这次行动中，李逵又扮演了怎样的角色呢？

智多星吴用吸引卢俊义注意力的策略，大概可以总结成三个策略。

策略一：巧妙策划传播事件，引发轰动效应

吴用带着李逵，在大名府的街头卢俊义家附近，来回溜达，手里拿一个铃铛，一边溜达一边晃铃铛，一边晃铃铛一边念歌谣，念的是"甘罗发早子牙迟，彭祖颜回寿不齐。范丹贫穷石崇富，八字生来各有时"。在这段歌谣里，吴用提到三组在民间非常有影响力的人物，我们逐一介绍一下。

（1）甘罗发早子牙迟。甘罗，战国时楚国下蔡（今安徽颍上）人，从小聪明过人，是著名的少年政治家。他祖父甘茂曾担任秦国的左丞相。甘罗从小聪明机智，能言善辩，投奔到秦国丞相吕不韦的门下做门客。当时秦国企图联燕攻赵，打算派大臣张唐出使燕国，张唐却借故推辞。吕不韦无计可施，12岁的甘罗自告奋勇，陈说利害，劝说张唐赴任。甘罗又征得吕不韦的同意，按照秦国扩大河间郡的意图到赵国进行游说。他对赵王说："秦燕联盟，无非想占赵国的河间之地，您如果把河间五城割让给秦国，我可以回去劝秦王取消张唐的使命，断绝和燕国的联盟。到那时你们攻打燕国，秦国绝不干涉，赵国所得又岂止五城！"赵王大喜，忙把河间五城交给甘罗。秦国不费一兵一卒得河间之地，秦王封12岁的甘罗为上卿。由于当时丞相和上卿的官阶差不多，民间因此演绎出甘罗12岁为丞相

的说法。

姜子牙，姓姜名尚，字子牙。姜子牙满腹经纶，才高八斗，可是怀才不遇。他卖过酒、卖过面，开过饭店，卖过马、卖过牛，还摆摊算过卦，大半辈子贫困潦倒，经常受到妻子的冷嘲热讽，80多岁隐居在渭水河边钓鱼。周文王到渭河一带打猎，遇见83岁的姜子牙。经过交谈之后，周文王发现姜子牙就是周朝从太公亶父起就一直盼望着的武能安邦、文能治国的贤才。于是，周文王高兴地说："吾太公望子久矣！"所以姜子牙又号"太公望"，俗称姜太公。后来，他辅佐周文王、周武王兴周灭商，屡建奇功，受封于齐地。姜子牙是中国古代一位杰出的军事家与政治家。甘罗12岁当了上卿，姜子牙83岁才有出人头地的机会。有才能的人机遇不同，兴旺发达的时间也不一样，这就叫"甘罗发早子牙迟"。

（2）彭祖颜回寿不齐。彭祖是先秦传说中的仙人，传说于六月六日出生，是黄帝的第八代孙。帝尧的时候，他因为进献雉羹，尧便把彭城封给他，所以后世称他为彭祖。舜的时候，彭祖师从尹寿子修道，隐居武夷山。他淡泊名利，与世无争，平日沉默寡言，从不夸耀自己。他善于导引行气，经常从早到晚闭气内息。商王给他数万金，他如数收下，又全分给贫穷的百姓。相传彭祖活了800多岁，是世上最懂养生之道、活得最长的人。

颜回（前521—前481年），春秋末鲁国人，是孔子最出色的弟子之一。《论语》里说他"一箪食，一瓢饮，在陋巷，人不堪其忧，回也不改其乐"。其为人谦逊好学，不迁怒，不贰过，学习可以举一反三，足以成为万世楷模。孔子称赞颜回"贤哉回也"，然而颜回不幸英年早逝。自汉代起，颜回被列为七十二贤之首。同为贤人，彭祖活了800岁，颜回只活到40岁，所以叫"彭祖颜回寿不齐"。

（3）范丹贫穷石崇富。范丹老祖是春秋时期的著名乞丐头儿，他曾经救济过孔子，但自己特别穷。不过还有资料显示，历史上还有一个人也叫范丹，是东汉时期的一个名士，做过莱芜地方长官，为官清正廉洁，他也极其清贫，经常挨饿。不管是春秋的范丹还是东汉的范丹，两位的共同特点都是很穷。石崇（249—300年），字季伦，小名齐奴，渤海南皮（今河北南皮东北）人。他是西晋开国元勋石苞第六子，西晋富豪，曾任荆州刺史，因在任上劫掠往来富商而致富。石崇和外戚王恺斗富的故事家喻户晓。《世说新语》记载：石崇与王恺争豪，并穷绮丽以饰舆服。武帝，恺之甥也，每助恺。尝以一珊瑚树高二尺许赐恺，枝柯扶疏，世罕其比。恺以示崇。崇视讫，以铁如意击之，应手而碎。恺既惋惜，又以为疾己之宝，声色甚厉。崇曰："不足恨，今还卿。"乃命左右悉取珊瑚树，有三尺四尺、条干绝世，光彩溢目者六七枚，如恺者甚众。恺惘然自失。永康元年（300年），赵王司马伦专权，司马伦党羽孙秀向石崇索要其宠妾绿珠不果，因而指其为乱党，石崇全家被杀。临刑之时，石崇绝望地说："你们杀我不就是为了我的这些钱吗？"行刑的人反问他："早知道这样，你为什么还这么吝啬，不肯拿出钱来？"

发达不发达，长寿不长寿，富裕不富裕，可能是人生在世普遍关心的三个问题。甘罗姜子牙、彭祖颜回、范丹石崇这三对人物每一对都是两个极端。

《水浒传》这样描写：吴用又道："乃时也，运也，命也，知生知死，知因知道。若要问前程，先请银一两。"说罢，又摇铃杵。北京城内小儿，约有五六十个，跟着看了笑。却好转到卢员外解库门首，自歌自笑，去了复又回来，小儿们哄动。

大家可以想象一下这个场景，吴用带着李逵，专门在卢俊义家门口走来走去，边摇铃边唱："时也，运也，命也。我能知生知死，知贵知贱。我能知过去未来。算卦了！算卦了！"声音很响亮，有几十个小孩前呼后拥跟着起哄。家门口出现了这样的场景，你说卢俊义能不知道吗？吴用利用这个巧妙的传播方式，很快就引起了卢俊义的注意。

策略二：利用高报价贴标签，吸引眼球

人们见吴用说得精彩、讲得热闹，忍不住问："这位先生，你能够知过去未来，你算这卦收多少钱？"吴用笑呵呵地说："卦金是白银一两。"老百姓都一吐舌头，这报价可真够高的，这先生真敢要价。一两银子在当时可不是一个小数目，报这个高价正是吴用算计好的专门吸引卢俊义的策略。

吴用为什么要报这么高的价格？大概有以下两个原因。

第一，设门槛防止干扰。吴用乔装打扮，他的身份是个算卦的，不过他可不想给别人算卦，只想给卢俊义算。如果你报价低了，满街老百姓排队来算，你算还是不算？你要不算，就露馅儿了，暴露了真实目的。你要算，就会耽误时间，影响自己达成目标。因此不如报一个高价格，价格特别高，想凑热闹的老百姓一看这么高价格就都走了。而对于卢俊义来讲，这个价格不算高，他还能接受。这样既能锁定卢俊义，又能防止其他人来干扰，高价格起到了抬高门槛的作用。

第二，贴标签抬高自己。在信息不对称的情况下，只有高价格才能让人觉得质量比较高。高消费的特点就是"只买贵的，不买对的"。在信息不对称的时候，没有更多的信息来源，只能凭借价格来判断品质，人们往往认为价格高的品质就好。在菜市场里，买菜的人分两种。一种是退休在家的叔叔阿姨，他们的时间较为充裕，所以货比三家，经常是一大清早就来了。在这种信息对称的情况下，他们肯定会挑选物美价廉的。但是，还有另一种人，就是写字楼里上班的白领，下班路过菜市场，买点菜回家做饭，来去匆匆。他们没有时间甄别信息，充分对比。怎么办呢？一般的白领都会买价格偏高的，因为质量有保证。

我们现在假设一个场景，假如各位都是英俊的王子，我们到了波斯国，参加招亲大会——波斯国的国王有两个女儿，现在要选驸马。这两个公主，一个是阿依土拉公主，一个是阿依土鳖公主。国王给我们所有人一

个机会，对面有两个门帘，帘子后边就是两位公主，但到底是哪位公主，谁也不知道。

我们只有一则信息可供参考：一个帘子上写着帘后的公主要彩礼五百万元，另一个帘子上写着帘后的公主要彩礼五百元。大家猜一猜，写着五百万元的帘子后面是阿依土拉公主，还是写着五百元的帘子后面是阿依土拉公主呢？根据常理来判断，肯定是金额大的后面是阿依土拉公主。也就是说，在信息不对称的情况下，人们相信报价高的品质更高。

吴用的报价策略也利用了这个规律。吴用通过一两银子的高报价，给自己贴上了一个高大上的闪亮标签——我是顶级的算卦先生，是为成功人士定制服务的。吴用确实是一个足智多谋的智多星，他巧妙地运用了贴标签策略，一下子就打造了一个关注焦点，抓住了卢俊义的眼球。因为大名府街面上几十年来还没出现过一个敢报价一两银子的算卦先生。这么独特、这么高端、这么自信，实在是让人很好奇呀！

卢俊义听着府门外面一片喧闹，就派人到街上去察看。派出去的人回来汇报说："员外，太好笑了，街上来了一个外地的算命先生，摇着铃算卦；卦金要得奇高无比，居然要一两银子，少了不给算。他随身还带着一个古怪的小道童，长得特别寒碜，举止奇特，满街的孩子都在那里起哄围观呢。"看看，传播策略很见成效，街上轰动了，高价格标签获得了关注，而且连长相奇怪的李逵也成了一个重要的传播元素，实实在在地显示了算卦先生确实与众不同。卢俊义一下子就动心了，他吩咐道："来来来，管家何在？赶紧把这先生给我请进府来，让他给我算上一算。"

公司里负责谈判的工作人员，常常要跟各种各样的客户打交道，而要想达成合作意向，最重要的一条就是要及时了解对方的需求，只有知己知彼，才有可能取得最后的成功。富甲一方、武艺高强的卢俊义，可以说是要钱有钱、要名有名，在常人眼里，他几乎什么都不缺。这样的出色人物，要想寻找到他的短板和需求，实在是太难了，然而智多星吴用发现了其中的玄机。那么，为了让卢俊义上梁山，吴用最终想出了什么好办法呢？

策略三：围绕痛点做文章，增加沟通冲击力

卢俊义派人把吴用从街上请进了家里，吴用第一个目标顺利实现。他面带微笑上前施礼。卢俊义欠身答礼，问道："先生贵乡何处？尊姓高名？"吴用答道："小生姓张名用，自号谈天口。祖贯山东人氏。能算皇极先天数，知人生死贵贱。卦金白银一两，方才算命。"卢俊义将他请入后堂，分宾主坐定。茶汤已罢，取过白银一两说："烦先生看贱造则个。"

吴用道："请贵庚月日下算"卢俊义道："先生，君子问灾不问福。不必道在下豪富，只求推算目下行藏则个。在下今年三十二岁，甲子年乙丑月丙寅日丁卯时。"

大家注意，卢俊义作为一个大富豪，他衣食无忧，家财万贯，在大名府要风得风，要雨得雨，但是他有自己的牵挂。这个牵挂就是他所说的一句"君子问灾不问福"，他特别担心自己会有意外的灾祸。

过着好日子，风险意识会增强，喜欢平稳平安，不喜欢任何波动起伏，这是人们共同的心理。吴用的策略就是，你不怕的，我还不讲，你怕什么，我就讲什么。一般人在过好日子的时候，都会有很多的担忧。如果围绕这种害怕做文章，就能一下抓住他的注意力。

吴用取出一把铁算子来，排在桌上，算了一回，拿起算子桌上一拍，大叫一声："怪哉！"卢俊义失惊，问道："贱造主何凶吉？"吴用道："员外若不见怪，当以直言。"卢俊义道："正要先生与迷人指路，但说不妨。"吴用道："员外这命，目下不出百日之内，必有血光之灾，家私不能保守，死于刀剑之下。"一句话说得所有的人都瞠目结舌。

人性的一个弱点就是恐惧：耳怕聋来眼怕花，搞对象就怕女孩她妈，打手机怕的是没有信号，父母怕小孩泡网吧，网上购物就怕假，新车上路就怕剐，偷懒的学生怕考试，讲课的老师怕掉门牙。我们恐惧暴力，恐惧危险，恐惧生老病死，恐惧利益受损，恐惧失去自由……总之，每个人都

有自己的痛点，只要这个痛点被触发了，一个人就会降低警觉、降低防御，任何一个能够帮他躲避恐惧的东西，他都可以无条件接受。很多网络诈骗、电话诈骗就是利用人们的这种恐惧心理，围绕痛点做文章。比如你摊上官司了、你家里人得了疾病、你子女在外地上学遇到意外、你的信用卡被盗刷等，这样的痛点陷阱让人防不胜防。

同理，在市场营销领域，围绕痛点做文章也广泛存在，而且影响深远。这种围绕痛点做文章基本分成两步：先寻找目标人群的痛点所在，看看他们日常生活最怕什么；再根据这个痛点量身定制一个解决方案。比如，现在我在推销饮料，我告诉你，春天怕上肝火，夏天怕上心火，秋天怕上肺火，想得多怕上虚火，吃得多怕上食火。怎么办呢？怕上火就喝老赵凉茶，喝一罐管一天，这样的产品就不怕卖不出去了。

又如，现在我要销售香皂，我就先上几张图，床上的、地上的、桌上的、枕头上的，然后告诉你：您的全家正在受到细菌的侵扰，您的孩子正处于细菌的包围当中。怎么办呢？老赵香皂，帮您健康安全护全家。这样的产品恐怕也不愁销路。

再如，我是个搞培训的，高价培训，我可以启动你的不安全感，然后就让你交钱报班。我说孩子是未来，孩子是希望，孩子是父母所有的牵挂，可是各位家长，在竞争激烈的今天，属于您家孩子的机会正在变得越来越少，不要让孩子输在起跑线上，请报名参加老赵培训，给孩子一个可靠的未来。三下五除二，你就会把钱交给我了。

因此，围绕痛点做文章的模式可能不真实，但一定特别有影响力，因为它触到了人内心深处最柔软、最隐蔽的那个点。这个点一旦被启动，人们往往就会无条件地接受合作。痛点即沟通点，痛点就是驱动点。围绕痛点做文章威力无穷。

在大名府，智多星吴用给卢俊义用的就是这种围绕痛点做文章的策略。他知道卢俊义有两怕，一怕财产受损，二怕身体有恙，所以干脆两个痛点一起说，当场斩钉截铁断言玉麒麟卢俊义"不出百日之内，必有血光

之灾,家私不能保守,死于刀剑之下"。吴用这嘴是真够狠的,先说财产安全不保,再说人身安全不保,真是招招见血,直戳心窝。不过卢俊义确实不太相信,他也会冷静地分析。卢俊义笑道:"先生差矣!卢某生于北京,长在豪富之家,祖宗无犯法之男,亲族无再婚之女;更兼俊义作事谨慎,非理不为,非财不取,又无寸男为盗,亦无只女为非。如何能有血光之灾?"

面对卢俊义的质疑,吴用是否该解释一下呢?比如测算的原理、使用的模型、分析的思路、得出结论的方法什么的。普通人肯定都会这么做。可是卢俊义何等聪明,如果那样,就会越说越假、越抹越黑,他会更加怀疑。所以吴用干脆来了一个不解释,直接退银子告辞,这一招果然狠辣绝妙。

吴用改容变色,急取原银付还,起身便走,嗟叹而言:"天下原来都要人阿谀谄佞!罢,罢!分明指与平川路,却把忠言当恶言。小生告退。"这一招太厉害了,一下子就戳中了卢俊义的心窝子,他瞬间就放下了全部的防备。

因此,在使用传播策略时,我们必须遵循一个基本原则:简短的才有力量,说多了别人就不信了。马克·吐温曾经讲过一个特别有趣的事情。有一次他去听一个人做慈善募捐演讲,听了一分钟,热泪盈眶,准备把所有钱都掏出来。听了五分钟以后,他恢复冷静,决定就给十块。听了半个小时之后,他火冒三丈,大骂骗子,不光没有捐钱,还从他箱子里面拿走了五块钱。由此可见,很多事情会越抹越黑,说多了无益。尤其是对卢俊义这种聪明人,说多了是要露出马脚的。吴用干脆选择一句话都不说,把银子往桌上一拍,转身就要走。

这一招"欲擒故纵"果然见效。卢俊义一看就急了,连忙站起来拉住吴用,满脸堆笑说道:"先生息怒,前言特地戏耳。愿听指教。"吴用道:"小生直言,切勿见怪。"卢俊义道:"在下专听,愿勿隐匿。"

到此为止,吴用彻底征服了卢俊义。我们来总结一下这位吴先生的巧妙办法：一是利用李逵的形象差异化，获得视觉冲击力；二是编一歌谣，制造传播事件；三是在街头展示，引发轰动效应；四是围绕痛点做文章，增加沟通的冲击力；五是在对方不信任的情况下，使用欲擒故纵的策略，让对方心服口服，缴械投降。

这些传播策略，不光在《水浒传》中写得很绝妙，而且在我们身边也时常听到或遇到。比如在互联网上，上头条、上热搜、当网红、造热点，所有这些传播事件的运作都有以上五条策略的影子。历史不会重复它的事实，历史会重复它的规律。通过对这些规律的学习和掌握，我们就可以对现实形成更加清醒的认识，更准确地把握未来。

吴用不愧是智多星，他给卢俊义来了一个组合拳，卢俊义当然是心服、口服外加佩服。卢俊义躬身施礼对吴用说："先生，你得救我啊，你不能见死不救啊！"吴用说："好，你坐定了，能算的就能解，我现在告诉你解灾的办法。"

卢俊义把前后左右所有人都打发走了，毕恭毕敬坐在吴用的面前洗耳恭听。到此为止，在吴用的精心策划之下，卢俊义一步一步地越陷越深，他开始相信自己要大祸临头了。接下来，智多星吴用亮出了早就准备好的一套说辞，就这么简单的几句话，直说得卢俊义命运逆转，整个北京大名府天翻地覆。那么，吴用到底说了什么内容，这些话又是如何影响卢俊义人生的呢？我们下一讲接着说。

第二讲
卢俊义的优越感

在我们周围，常常有一些人优越感十足，他们总觉得自己哪方面都比别人强。殊不知，这种优越感一旦过了头，就会使人陷入盲目自大的危险境地，生活中这样的教训比比皆是。《水浒传》里的卢俊义就是一个优越感很强的人，他要地位有地位，要武功有武功，富甲一方，名满天下。然而，就是这样一位出色的人物，却因为自己的优越感连连吞下苦果，遭遇了人生的一次又一次打击。那么，卢俊义的优越感究竟给他带来了什么？我们又能从中得到哪些启示呢？

我曾全程关注了AlphaGo大战李世石的比赛，因为我自己也是一个围棋爱好者。当初我接触围棋的时候听到的说法是，电脑可以成为象棋高手，但是不可能成为围棋高手，因为象棋的变化是可以算清楚的，但是围棋的变化太多，根本算不清，"千古无重局"。这个变化按数学来说是361的阶乘，这是一个庞大到吓人的数字，所以人类下围棋是可以轻松战胜电脑的。

不过真正的人机大战结果却让人惊讶。电脑使用的决策选择模式与人类不同，人类棋手追求的是每一手棋的最高效率，而人工智能做的是选择赢棋概率最高的一步着法。尽管下出了很多俗手、恶手、外行手、业余水平手，人工智能还是可以照样赢棋。

最让人印象深刻的是，人工智能下棋的时候是没有情绪过程的，不会被情绪干扰。下棋的时候常听到一个说法，说某某一步棋让对手感觉到羞辱和愤怒。比如咱俩下象棋，我第一步是将五进一，我的对手立刻会被激怒，你这是在鄙视我！可是，电脑会被激怒吗？不会！它总是很冷静，没有情绪，没有愤怒或沮丧，没有得意忘形、意外翻船。情绪、情感是人类生活的精彩所在，同时也是人类决策的陷阱所在。这一讲我们就根据《水浒传》里卢俊义算卦的故事，和大家探讨一下情绪对重大决策的干扰和危害。

细节故事：卢俊义的鲁莽决定

上一讲说到吴用退银告辞来了一个欲擒故纵，卢俊义动心了，连忙改口说："刚才是开玩笑，先生息怒，请坐下来，好好地为卢某算一卦。"

吴用不愧是智多星，真会演啊，大铁算盘往那儿一搁，噼里啪啦一算，然后告诉卢俊义："员外贵造，一向都行好运。但今年时犯岁君，正交恶限。目今百日之内，尸首异处。此乃生来分定，不可逃也。"卢俊义道："可以回避否？"吴用再把铁算子搭了一回，便回员外道："则除非去东南方巽地上一千里之外，方可免此大难。虽有些惊恐，却不伤大体。"卢俊义道："若是免的此难，当以厚报。"吴用道："命中有四句卦歌，小生说与员外，写于壁上，日后应验，方知小生灵处。"卢俊义道："叫取笔砚来。"便去白粉壁上写。吴用口歌四句：

芦花丛里一扁舟，俊杰俄从此地游，

义士若能知此理，反躬逃难可无忧。

这四句话对卢俊义的人生道路有着至关重要的影响。后文还会讲到，现在暂且将其放在一边。

当时卢俊义写罢，吴用收拾起算子，作揖便行。卢俊义留道："先生少坐，过午了去。"吴用答道："多蒙员外厚意，误了小生卖卦。改日再来拜会。"抽身便起。卢俊义送到门首，李逵拿了拐棒儿走出门外。吴学究别了卢俊义，引了李逵，径出城来，回到店中，算还房宿饭钱，收拾行李包裹。李逵挑出卦牌。出离店肆，对李逵说道："大事了也！我们星夜赶回山寨，安排圈套，准备机关，迎接卢俊义。他早晚便来也。"

且不说吴用、李逵还寨。却说卢俊义自从算卦之后，寸心如割，坐立不安。最后卢俊义一跺脚下定决心，要出外躲灾。

既然要出外躲灾，就要安排家里边的事，卢俊义把手下管家李固叫来。这李固原是东京人，因来北京投奔相识不着，冻倒在卢员外门前。卢俊义救了他性命，养他家中。因见他勤谨，写的算的，教他管顾家间事务。五年之内，直抬举他做了都管，一应里外家私都在他身上，手下管着四五十个行财管干，一家内都称他做李都管。当日大小管事之人，都随李固来堂前声喏。卢员外看了一遭，便道："怎生不见我那一个人？"说犹未了，阶前走过一人来。看那来人怎生模样？但见：

六尺以上身材，二十四五年纪，三牙掩口细髯，十分腰细膀阔。戴一顶木瓜心攒顶头巾，穿一领银丝纱团领白衫，系一条蜘蛛斑红线压腰，着一双土黄皮油膀胛靴。脑后一对挨兽金环，护项一枚香罗手帕，腰间斜插名人扇，鬓畔常簪四季花。

此人是谁呢？正是梁山好汉，天巧星浪子燕青。燕青这个人自幼父母双亡，被卢俊义收为义子，然后跟着卢俊义管理万贯家财。燕青身上有三个特殊之处。

第一，形象出众。小伙子相貌英俊，皮肤白皙。卢俊义请善于文身的师傅给燕青文了一身好花绣。

第二，多才多艺。《水浒传》是这么说的："吹的、弹的、唱的、舞的，拆白道字，顶真续麻，无有不能，无有不会。亦是说的诸路乡谈，省的诸行百艺的市语。更且一身本事，无人比的。拿着一张川弩，只用三枝短箭，郊外落生，并不放空。"水泊梁山实际上有两个神箭，一个是神箭花荣，另一个是神箭燕青。

第三，聪慧过人。燕青最引人注目的地方就是他百伶百俐，道头知尾。"道头知尾"的意思是，你说个开头，我就知道结尾。

李固和燕青一文一武，是卢俊义身边最为重要的两个帮手，帮助卢俊义管理着偌大的家业。看人都到齐了，卢俊义当众宣布了一个重大决定。卢俊义开言道："我夜来算了一命，道我有百日血光之灾，只除非出去东南上一千里之外躲避。我想东南方有个去处，是泰安州，那里有东岳泰山天齐仁圣帝金殿，管天下人民生死灾厄。我一者去那里烧炷香消灾灭罪，二者躲过这场灾悔，三者做些买卖，观看外方景致。李固，你与我觅十辆太平车子，装十辆山东货物，你就收拾行李，跟我去走一遭。燕青小乙看管家里库房钥匙，只今日便与李固交割。我三日之内便要起身。"

卢俊义做完这个决断之后，就引起了三个人的反对，这三个人是管家李固、义子燕青和夫人贾氏。不过这三个人的反对风格完全不一样。

生活中，因为角色不同，对于同一件事情同一个问题，每个人的观点和看法常会存在差异。

智慧箴言

只有站在各方的角度，通盘考虑、全面分析，我们才有可能做出正确的判断和选择。

在卢俊义的生活中，李固、燕青和夫人贾氏是最重要的三个人物，那么对于卢俊义外出的决定，他们三人都是怎么反对的？优越感十足的卢俊义，又是如何对待他们的反对声音呢？

根据组织行为学的研究，凡是做重大决定的人，不外乎四种类型：一是公牛型，情绪导向，释放情绪，缓解焦虑；二是狐狸型，利害导向，精明算计，趋利避害；三是雄鹰型，信念导向，坚定信念，冷静分析；四是绵羊型，安全导向，维持现状，回避风险。

根据《水浒传》的描述，我分析了一下，得出以下结论：卢俊义是公牛型，燕青是雄鹰型，李固是狐狸型，贾氏是绵羊型。

（1）眼光犀利的雄鹰燕青。我们来听听人家燕青是怎么分析这一卦的。燕青道："主人在上，须听小乙愚见。这一条路去山东泰安州，正打从梁山泊边过。近年泊内是宋江一伙强人在那里打家劫舍，官兵捕盗，近他不得。主人要去烧香，等太平了去。休信夜来那个算命的胡讲。到敢是梁山泊歹人，假装做阴阳人来扇惑，要赚主人那里落草。小乙可惜夜来不在家里，若在家时，三言两语，盘倒那先生，倒敢有场好笑。"

燕青真的是道头知尾，跟吴用都没有碰面，就是听卢俊义这么一说，居然就揭穿了吴用的心机，这太厉害了。所以在《水浒传》里边，燕青是天巧星，占一个"巧"字，给点信息就能分析出事情的来龙去脉。

（2）工于心计的狐狸李固。李固道："主人误矣。常言道：'赍卜卖卦，转回说话。'休听那算命的胡言乱语，只在家中，怕做甚么？"卢俊义道："我命中注定了，你休逆我。若有灾来，悔却晚矣。"

一看卢俊义非要走，而且要带自己走，李固劝说不成，又耍心机。通过这件事，我们也能看到李固这人不值得信任。李固跟卢俊义说："员外，我最近犯了脚气症，走不得太远的路，我不能陪您去。"事到临头，说自己得了脚气病不能走路，这一看就是装病找借口。卢俊义当时就恼了："养兵千日，用在一朝，你再找托词寻借口，小心我的拳头。"吓得李固面如土色。通过李固的表现，我们能看到两个问题。

第一个问题，李固这个人是个精于算计的阴险小人，卢俊义把他放到身边，等于埋了一颗定时炸弹。

第二个问题，卢俊义如此信任这样的人，让他管理家业做大总管，说明卢俊义选人用人方面存在漏洞、有盲点。

（3）胆小怕事的绵羊贾氏。话犹未了，屏风背后走出卢俊义的夫人贾氏。贾氏年方25岁，卢俊义32岁，两个人结婚有五年了。贾氏眼泪汪汪地看着卢俊义说："老爷啊，你休要听那个算卦的人一派胡言。自古道，出外一里，不如屋里。乘船骑马三分险，一旦出门有灾殃。撇了海阔一个家业，担惊受怕，去虎穴龙潭里做买卖，哪里是躲灾，明明是招灾，你不要去，只在家里，清心寡欲，高居静坐，自然无事。"

通过贾氏这番语言，我们能感觉到，她就是一个安全导向的绵羊型，基本思路就是维持现状，别冒风险。卢俊义对贾氏的态度也很强硬，瞅着贾氏喝道："你妇人家省得甚么！宁可信其有，不可信其无。自古祸出师人口，必主吉凶。我既主意定了，你都不得多言多语。"

（4）鲁莽冲动的公牛卢俊义。看到这三个人都反对自己去外地躲灾，卢俊义最后做了一个集中表态。《水浒传》中卢俊义是这么说的："你们不要胡说，谁人敢来赚我！梁山泊那伙贼男女打甚么紧，我观他如同草芥，兀自要去特地捉他，把日前学成武艺显扬于天下，也算个男子大丈夫。"

通过这一段话，我们能感受到两点。

第一，卢俊义确实对自己的武功很自信，他视梁山英雄如草芥，还要去捉人。官军都做不到的事情，卢俊义相信自己一个人就可以做到。

第二，卢俊义确实比较情绪化。做事情不用脑子，只凭一时头脑发热。所以我们给卢俊义的定位是公牛型，有一身好本事、好力气，情绪激动，不做理性分析。

为什么卢俊义会形成这种自高自大、傲慢霸道的处世风格？其中有社会因素、家庭因素，还有性格因素。

从成长过程来说，有三种人容易变得情绪化。

第一种人就是家教过严的。家里管得太严，孩子与家长缺少沟通和交流，孩子没有自己的空间，一些个人想法得不到家长的支持和重视。这样的孩子长大了，容易情绪化，做事不用脑子。

第二种人就是受宠过分的。小皇帝有求必应，要星星给星星，要月亮给月亮。被宠得过分的孩子，长大之后也容易情绪化。大家仔细观察一下，很多幼儿园里爱打架的孩子，基本是在家里受宠的孩子，这个现象也印证了宠得过分就容易情绪化。

第三种人就是缺乏关注的。没有安全感的孩子容易情绪化。爸爸妈妈一天到晚忙工作，爷爷奶奶身体也不好，他们平时与孩子缺乏交流，只要孩子吃饱了、安全了，其他都不管。在这种漠视中长大的孩子，慢慢地就会变得容易情绪化。

那么以卢俊义的成长环境来看，他情绪化的原因应该主要是第二种——小时候在家受宠，长大之后在社会上受宠。河北首富要风得风、要雨得雨，人人敬仰、处处顺心。卢俊义一直被宠着，因此变得十分情绪化。卢俊义的生活符合我们现在的一句话——有钱任性，他就是很任性。卢俊义一时头脑发热，做出一个鲁莽的决定，要去泰安躲灾。这个鲁莽的决定给他的人生带来了巨大的影响。一个人在做事情的时候，一旦头脑发热、过度情绪化，就会犯下若干严重错误。这些情绪化的陷阱都是我们在平时工作生活中需要特别注意的。

在卢俊义眼里，李固、燕青、夫人贾氏都是身边最亲近的人，然而就是这三个人，竟然纷纷站出来集体反对他外出。这简直是对卢俊义强大能力的极大否定，是莫大的羞辱。卢俊义的情绪在这种否定和羞辱中渐渐失控。生活中很多错误的决定，常常是在人们情绪失控的情况下做出的。那么，情绪化究竟会给人带来哪些危害呢？总结起来，情绪化会给人带来以下三个陷阱。

陷阱一：放大自己，缩小别人

次日五更，卢俊义起来，让手下人把太平车子准备好了，货物都装上。卢俊义自己先是香汤沐浴，更换一身新衣服，取出器械，接着到后堂里辞别了祖先香火，然后才出门上路。这个流程一丝不能乱。既然不听劝阻，一定要去千里之外躲灾，没有办法，大家管不住啊，那就走吧。不过卢俊义上路跟别人可不一样，不是说走咱就走，得有个流程。所以卢俊义出门，第一个关键词——讲究。再看卢员外这身打扮：头戴范阳遮尘毡笠，拳来大小撒发红缨，斜纹缎子布衫，查开五指梅红线绦，青白行缠抓住袜口，软绢袜衬多耳麻鞋。腰悬一把雁翎响铜钢刀，海驴皮鞘子，手拿一条搜山搅海棍棒。端的是山东驰誉，河北扬名。卢员外往那儿一站，真是气宇轩昂，玉树临风。卢俊义出门的第二个关键词——帅气。通过讲究和帅气这两个关键词，我们就能感觉到卢俊义自我感觉良好，对未来的风险没有任何担忧。整个人身上就透出一句话，一切尽在掌握之中。

单是卢俊义手里这条棍，《水浒传》作者专门写了一首诗来赞许：

挂壁悬崖欺瑞雪，撑天拄地撼狂风。

虽然身上无牙爪，出水巴山秃尾龙。

为什么专门赞一下卢俊义的兵器呢？为的是强调卢俊义武功高强，一条棍可以使得出神入化，无人能敌。也正是有了这样的本事，卢俊义才敢不把水泊梁山放在眼里，正所谓"烦恼皆因自大起，灾祸只为强出头"。此时的玉麒麟卢俊义意气风发，哪还把别人放在眼里？他根本想不到前边正有一场大灾祸等着他呢。

卢俊义出门的第三个关键词——妥当。上路以后，卢俊义先把李固叫过来，告诉李固："你可引两个伴当先去。但有干净客店，先做下饭，等候车仗脚夫到来便吃，省的担阁了路程。"

自此在路夜宿晓行，已经数日，来到一个客店里宿食。天明要行，只见店小二哥对卢俊义说道："好教官人得知，离小人店不得二十里路，正打梁山泊边口子前过去。山上宋公明大王，虽然不害来往客人，官人须是悄悄过去，休得大惊小怪。"卢俊义听了道："原来如此！"便叫当直的取下了衣箱，打开锁，去里面提出一个包袱，内取出四面白绢旗。问小二哥讨了四根竹竿，每一根缚起一面旗来，每面栲栳大小几个字。旗子上写了四句话，那真是要命的四句话，到底是什么话呢？有两个版本：第一个版本，"慷慨北京卢俊义，远驮货物离乡地。一心只要捉强人，那时方表男儿志"。第二个版本，"慷慨北京卢俊义，金装玉匣来探地。太平车子不空回，收取此山奇货去"。

卢俊义这种故意拉旗子的挑衅行为，说明他太自大，他觉得：我卢某人打遍天下无敌手，要人品有人品，要财产有财产，要本事有本事。你们梁山这些蟊贼，根本不是我的对手。这种自大是卢俊义人生坎坷的主要原因。

哲学家告诉我们，每个人的脚下都是地球的中心，我们往往容易放大自己，缩小别人。

智慧箴言

自卑的人看不清自己，自大的人看不清别人。

防范方法也很简单：一是要多内省，学会看别人的优点；二是要多倾听，学会去接受别人的建议。卢俊义的人生字典里如果有"倾听"二字，也不会经历那么重大的灾祸。

因为优越感太强，卢俊义已经看不到任何危险，但残酷的现实是，危险就在不远处静静地等待着他。在现实生活中，总会有一些人，尤其是那些在某一方面做出过不俗成绩的人，因为常常受到夸奖，有了一定的名气，优越感就会越来越强，内心也会逐渐膨胀。这种人一旦遇到点不顺心的事，常常就会脾气暴躁、情绪失控，甚至有可能做出荒唐的事情来。那么，这种优越感十足的人，究竟该怎样做才能把控好自己，防止错误的发生呢？核心就是加强与人沟通，倾听他人建议。

陷阱二：拒绝沟通，不听劝告

卢俊义这么糊涂，有人给他提建议吗？当然有，其实卢俊义有两次机会。

第一次是浪子燕青提的建议。

燕青说道："小人托主人福荫，学的些个棒法在身。不是小乙说嘴，帮着主人去走一遭，路上便有些个草寇出来，小人也敢发落的三五十个开去。留下李都管看家，小人伏侍主人走一遭。"卢俊义道："便是我买卖上不省的,要带李固去,他须省的,又替我大半气力。因此留你在家看守。自有别人管账,只教你做个桩主。"

其实,卢俊义没有想明白,他这是躲灾,从梁山路过,做生意是次要问题,保证安全才是主要问题。卢俊义犯了主次不分的错误,核心原因还是他太骄傲自大。卢俊义觉得自己本事大,一个人能够打遍梁山无敌手,完全不需要帮手。

第二次是李固和店小二这些人给卢俊义提的建议。

店小二非常含蓄,他问卢俊义:"这位员外,您莫非和山上宋大王是亲戚朋友吗?"卢俊义说:"都不是。"店小二说:"亲戚朋友都不是,您挂这四面旗,是什么意思?这是要惹祸上身的啊!"

卢俊义说:"怕的就是他们不来,他们来了正好,我正要活捉他们。"

店小二说:"官军几万人都近不得身,您一个人怎能捉得?"

卢俊义把好话当坏话听,一跺脚喝道:"放屁!你们这些家伙莫非也是梁山强盗一伙的?"吓得店小二转身溜走了。

李固等众人看了,一齐叫起苦来。李固跪在地上说:"主人可怜众人,我们都不想死啊!您挂上这四面旗,梁山好汉一来,动起手来,您确实一身好本事,我们岂不是被剁成肉酱,求求您赶紧把旗摘了,我们留了这条性命回乡去!"

接下来,大家看看狂傲的卢俊义是怎么表态的,《水浒传》里是这么写的:

卢俊义喝道:"你省的甚么!这等燕雀,安敢和鸿鹄厮并!我思量平生学的一身本事,不曾逢着买主。今日幸然逢此机会,不就这里发卖,更待何时!我那车子上叉袋里,已准备下一袋熟麻索,倘或这贼们当死合亡,撞在我手里,一朴刀一个砍翻,你们众人与我便缚在车子上。撇了货物不打紧,且收拾车子捉人。把这贼首解上京师,请功受赏,方表我平生之愿!若你们一个不肯去的,只就这里把你们先杀了!"

前面摆四辆车子,上插了四把绢旗;后面六辆车子,随从了行。那李固和众人，哭哭啼啼，只得依他。卢俊义取出朴刀，装在杆棒上，三个丫儿扣牢了，赶着车子奔梁山泊路上来。

卢俊义的独断专行、自大自负，来自他骨子里的那种优越感，这种优越感导致他瞧不起手下，瞧不起水泊梁山，甚至瞧不起前进路上的风险。哲学家说，一个人的自大是因为没有认识世界，一个人的自卑是因为没有认识自己。卢俊义的优越感是从哪里来的呢？应该就是从他所处的生活环境和朋友圈子里来的。

当我们身边有一个优越感特别强、很自负的人时，我们不用排挤他，也不用批评他，我们只要善意地提醒他："大哥，您那朋友圈该提高点档次了。"这就足够了。很多优越感特别强的人，眼光都比较窄，空间上没看出去，时间上也没看回去，所以他才有了优越感。卢俊义就是这种人。所以他很霸气、很自负，谁的意见都不听。

我们身边有些青年才俊，少年得志，心里有很强的优越感，往往不听他人的建议，很霸道、很独断，比较自负。一不小心，他们就会葬送了自己的职业生涯。所以我特别强调，一个人特别成功的时候，应该学会缩小自己，放大别人。

智慧箴言

> 人的内心有两样东西是不能丢的：一样是敬畏之心，对世界、对别人要有尊重，对未知要有敬畏；另一样就是谦虚的姿态。

性格决定命运，卢俊义败就败在自己的性格上。

陷阱三：没有风险意识，误判形势

优点造就了盲点，长处成全了短处。这句话放在卢俊义身上十分贴切。由于过度自负，卢俊义就掉进了第三个陷阱中——没有风险意识，错误地判断了形势。

其实，面对水泊梁山，卢俊义的这几十个人几乎是不堪一击的。

从外部来看：不熟悉环境，不熟悉对手，身在他乡，没有外部支持。

从内部来看：卢俊义自己武功很高，可是李固不会武艺，手下那帮人不会武艺，团队战斗力几乎为零。而卢俊义自己呢，也就是会旱地的功夫，他是个旱鸭子，水上技能几乎为零。

在这样的局面下，卢俊义居然凭借一时兴起就要单挑梁山，足见卢俊义本人做事粗鲁莽撞，缺乏周密考虑。套用一句流行的评语："卢员外这么二，我也是醉了！"

卢俊义胆大，但是李固等人是真的害怕呀！队伍整理好了车子，套上了马，第二天早晨从小店出发，奔梁山而去。大家走在崎岖的山路上，行一步怕一步。大概走到上午10点，抬头望去，前边不远处是一片大树林，有千百株不能合抱的大树。古木参天，浓荫蔽日。有经验的车老板就紧张了，说这种地方是最容易有强盗出没的。

却好行到林子边，只听的一声胡哨响，吓的李固和两个当直的没躲处。卢俊义教把车仗押在一边。车夫众人都躲在车子底下叫苦。卢俊义喝道："我若搠翻，你们与我便缚！……"说犹未了，只见林子边走出四五百小喽啰来。听得后面锣声响处，又有四五百小喽啰截住后路。林子里一声炮响，托地跳出一筹好汉。原来是李逵，拎着两把板斧，瞅着卢俊义哈哈大笑，厉声高叫："卢员外，认得哑道童吗？"卢俊义端详一下发现，这个强盗竟然就是当初到自己家里算卦的那个道童。此时此刻，卢俊义如梦初醒，哪有什么白日血光之灾，都是骗局啊！

卢俊义喝道："我如常有心要来拿你这伙强盗，今日特地到此！快教宋江那厮下山投拜！倘或执迷，我片时间教你人人皆死，个个不留！"李逵呵呵大笑道："员外，你今日中了俺的军师妙计，快来坐把交椅。"卢俊义大怒，搭着手中朴刀，来斗李逵。李逵轮起双斧来迎。两个斗不到三合，李逵托地跳出圈子外来，转过身望林子里便走。卢俊义挺着朴刀，随后赶将入来。李逵在林木丛中，东闪西躲。引得卢俊义性发，破一步抢入林来。李逵飞奔乱松丛里去了。卢俊义赶过林子这边，一个人也不见了。却待回身，只听得松林傍边转出一伙人来，一个人高声大叫："员外不要走！认得俺么？"卢俊义看时，却是一个胖大和尚，身穿皂直裰，倒提铁禅杖。卢俊义喝道："你是那里来的和尚？"鲁智深大笑道："洒家是花和尚鲁智深。今奉哥哥将令，着俺来迎接员外上山。"卢俊义焦躁，大骂："秃驴，敢如此无礼！"捻手中朴刀，直取那和尚。鲁智深轮起铁禅杖来迎。两个斗不到三合，鲁智深拨开朴刀，回身便走。卢俊义赶将去。

正赶之间，喽罗里走出行者武松，轮两口戒刀，直奔将来。卢俊义不赶和尚，来斗武松。又不到三合，武松拨步便走。卢俊义哈哈大笑："我不赶你，你这厮们何足道哉！"说犹未了，只见山坡下一个人在那里叫道："卢员外，你如何省得！岂不闻人怕落荡，铁怕落炉？哥哥定下的计策，你待走那里去？"卢俊义喝道："你这厮是谁？"那人笑道："小可便是赤发鬼刘唐。"卢俊义骂道："草贼休走！"挺手中朴刀，直取刘唐。方才斗得三合，刺斜里一个人大叫道："好汉没遮拦穆弘在此！"当时刘唐、穆弘两个，两条朴刀，双斗卢俊义。正斗之间，不到三合，只听的背后脚步响。卢俊义喝声："着！"刘唐、穆弘后退数步。卢俊义便转身斗背后的好汉，却是扑天雕李应。三个头领丁字脚围定，卢俊义全然不慌，越斗越健。

到此为止，梁山步军头领里能打的几个好汉基本都已经上场了，黑旋风李逵、花和尚鲁智深、行者武松、赤发鬼刘唐、没遮拦穆弘、扑天雕李应。卢俊义振奋精神以一对三，丝毫不落下风。

只听得山顶上一声锣响，三个头领各自卖个破绽，一齐拔步去了。卢俊义又斗得一身臭汗，不去赶他。再回林子边来寻车仗人伴时，十辆车子、人伴、头口、都不见了。口里只管叫苦。……卢俊义便向高阜处四下里打一望，只见远远地山坡下一伙小喽罗，把车仗头口赶在前面，将李固一干人连连串串缚在后面，鸣锣擂鼓，解投松树那边去。卢俊义望见，心如火炽，气似烟生，提着朴刀，直赶将去。

约莫离山坡不远，只见两筹好汉喝一声道："那里去！"一个是美髯公朱仝，一个是插翅虎雷横。卢俊义见了，高声骂道："你这伙草贼，好好把车仗人马还我！"朱仝手捻长髯大笑，说道："卢员外，你还恁地不晓得，中了俺军师妙计，便肋生两翅，也飞不出去。快来大寨坐把交椅。"卢俊义听了大怒，挺起朴刀，直奔二人。朱仝、雷横各将兵器相迎。三个斗不到三合，两个回身便走。卢俊义寻思道："须是赶翻一个，却才讨得车仗。"舍着性命，赶转山坡，两个好汉都不见了，只听得山顶上鼓板吹箫。仰面看时，风刮起那面杏黄旗来，上面绣着"替天行道"四字。转过来打一望，望见红罗销金伞下盖着宋江，左有吴用，右有公孙胜。一行部从二百余人，一齐声喏道："员外别来无恙！"卢俊义见了越怒，指名叫骂。山上吴用劝道："兄长且须息怒。宋公明久闻员外清德，实慕威名，特令吴某亲诣门墙，赚员外上山，一同替天行道。请休见责。"卢俊义大骂："无端草贼，怎敢赚我！"宋江背后转出小李广花荣，拈弓取箭，看着卢俊义喝道："卢员外休要逞能，先教你看花荣神箭！"说犹未了，飕地一箭正中卢俊义头上毡笠儿的红缨。吃了一惊。回身便走。山上鼓声震地，只见霹雳火秦明、豹子头林冲，引一彪军马，摇旗呐喊，从东山边杀出来；又见双鞭将呼延灼、金枪手徐宁，也领一彪军马，摇旗呐喊，从山西边杀出来。吓得卢俊义走投没路。

约莫黄昏时分，烟迷远水，雾锁深山，星月微明，不分丛莽。正走之间，不到天尽头，须到地尽处。看看走到鸭嘴滩头，只一望时，都是满目芦花，茫茫烟水。卢俊义看见，仰天长叹道："是我不听好人言，今日果有恓惶事！"

此时此刻，卢俊义才有了一点点悔意，悔不该独断专行，轻敌冒进单挑梁山，把自己送上了绝路。能人是怎么走错路的？答：优点太多，优越感太强，被自大遮住了眼睛。因此，一个人身上的优点就像光芒，光芒太亮了，可以照亮全世界，同时也可以晃瞎自己的眼睛。

心理学研究发现，优越感能帮助人们提升自信、抵御压力、保持满足感。在通常情况下，一旦优越感过强，就会成为性格的缺欠。凡是拥有强烈优越感的人大多具有两重性：一方面，看不上比自己差的；另一方面，看不见比自己强的，除了自己，眼睛里装不下别人。卢俊义就犯了这个毛病。那么，如何应对这种自负心理呢？要克服自负心理，必须拓宽眼界，多去发现世界的丰富多彩，人外有人，天外有天，始终保持对未知的敬畏、对自我的反省。鹤立鸡群，时间长了，鹤就有了优越感，但是认识了很多鹤以后，这只鹤就会发现自己其实没什么了不起的。等认识了天鹅、凤凰以后，鹤就会发现自己的渺小。像卢俊义这样自负的人一般有两个短处：第一个，不如他的人，他看不上；第二个，比他强的人，他看不见。时间久了，生活的路会越走越窄，身边的事情会越办越糟。能人走错路原因很简单，就是因为优点太多，优越感太强。我们特别提醒那些优点突出的年轻人，千万不要被自己的优点晃瞎了眼睛，千万不要学卢俊义。

智慧箴言

> 交朋友的时候，如果你总是让自己有优越感，你的朋友会越来越少；如果你能让朋友有点优越感，你的朋友就会越来越多。

可以说，这次水泊梁山之行，是卢俊义三十二年人生中的重要一课，让他重新认识了世界，认识了自己。

卢俊义在水边正烦恼间，只见芦苇里面，一个渔人摇着一只小船出来。卢俊义喜出望外，拱手道："船家速来，若渡得我过去，寻得市井客店，我多给你些银两。"那渔人很和气，摇船靠岸，扶卢俊义上船。行了三五里水路，只听得前面芦苇丛中橹声响，三只小船飞出来，中间是阮小二，左边是阮小五，右边是阮小七，三位好汉口里唱着山歌："乾坤生我泼皮身，赋性从来要杀人。万两黄金浑不爱，一心要捉玉麒麟。"

三只小船对着卢俊义这只船一齐撞过来,眼看着小船就要被他们撞翻了。卢俊义回头看这划船的船家,大喊:"船家快快靠岸,救我一救啊!"船家乐了:"卢员外你以为我是谁?俺是水泊梁山的水军头领混江龙李俊,奉了军师之命特来捉你。员外若还不肯投降,小心送了你的性命。"这回卢俊义真急眼了,挥起刀来向着李俊就是一刀。李俊身手快,一翻身跳到水里去了。随即小船的后尾冒出一个人,正是梁山好汉浪里白条张顺,张顺大叫了一声:"卢员外你还不下船?"说着话,双膀用力使劲儿一翻,一下子就把小船倒扣过来。卢俊义连人带刀,扑通一声落进水中。卢员外这下可狼狈了,大刀也扔了,咕嘟咕嘟喝了几口水之后,只觉天旋地转,头晕眼花。这一段故事就叫作"吴用智赚玉麒麟,张顺夜闹金沙渡"。

　　这金沙渡水深流急,卢俊义是个旱鸭子,挣扎了两下,还没等喊叫,咕咚一声就沉入了水底。卢俊义心想:完了,今天要死在这里了!悔不该不听大家的劝告,落到今天这一步。正所谓早知如此,何必当初。此时此刻,卢俊义这点悔意已经不起任何作用了。那么,落入水中的卢俊义究竟性命如何,关键时刻有没有人来搭救他呢?我们下一讲接着说。

第三讲
轻信的代价

在公司里,常常有一些能力出众的人,他们深得上司器重,被赋予了很大的行事之权。殊不知,这样的人,如果得不到有效监督,可能会做出有损公司利益的事情。卢俊义身边有两个亲信——燕青和李固,燕青人品好、功夫佳;管家李固则善于理财,能里能外,帮助卢俊义把事业经营得红红火火。然而,当灾难来临的时候,卢俊义固执地选择信任经营高手李固,而他的这个行为也差点给他带来灭顶之灾。那么,卢俊义为什么会轻易地相信李固呢?我们又该如何平衡信任与监督二者之间的关系呢?

很多公司在新员工入职的时候,都会安排一个活动,叫作拓展训练。其中有一个非常具体的项目叫背摔,就是每名队员站到背摔台上,背向后,笔直倒下。当一名队员倒下时,其余队员手拉手在其背后接住他,并把他直立放到地面上。这个项目可以训练团队成员彼此之间的信任感、责任感和团队合作能力。站在高台上的人向后摔的时候,他必须充分相信后面的队友能够接住他、保护他,这其实是一次挺大的心理挑战——万一后边的人接不住怎么办?所以信任是要冒风险的。信任了值得信任的人可能会创造人生的精彩,信任了不该信任的人可能会导致生活的灾难。如何管理好自己的信任，既能信任他人又不会轻信，这是每个人面临的挑战。河北首富、大名府玉麒麟卢俊义就出现了这样的问题，因为他错信了不该信任的人导致了杀身之祸。万一底下的人接不住，这一摔可能会摔得很惨、很结实。

细节故事：李固陷害卢俊义

上一讲我们说到卢俊义要单挑梁山，结果在水上碰到了浪里白条张顺。张顺把船翻扣到水面上，卢俊义落了水。话说这卢俊义虽是了得，水性却是极差。张顺上前拦腰抱住卢俊义，把他从水里捞出来，英俊潇洒的卢员外成了一只落汤鸡。岸边小喽啰一哄而上，就要把卢俊义绳捆锁绑。关键时刻，神行太保戴宗传来宋江的将令："不得伤犯了卢员外贵体！"不能绑，那怎么办呢？这边戴宗拿出了准备好的锦衣绣袄，吩咐喽啰们给卢俊义都换上。卢俊义挺惊讶，这是要打扮好了再杀吗？

换完衣服之后，山道上来了八个小喽啰，抬着一乘八抬大轿。众人簇拥卢俊义就上了这顶轿子，那边音乐一起，鼓乐喧天，像抬新娘子一样把卢俊义抬上山去了。

卢俊义心中好生纳闷，这是什么意思？走了二十里山路，只见远远地早有二三十对红纱灯笼，照着一簇人马，动着鼓乐，前来迎接。为头宋江、吴用、公孙胜，后面都是众头领，一齐下马。卢俊义慌忙下轿。宋江先跪，后面众头领排排地都跪下。卢俊义亦跪下还礼道："既被擒捉，愿求早死。"宋江大笑说道："且请员外上轿。"众人一齐上马，动着鼓乐，迎上三关，直到忠义堂前下马。请卢俊义到厅上，明晃晃地点着灯烛。宋江向前陪话道："小可久闻员外大名，如雷灌耳。今日幸得拜识，大慰平生！却才众兄弟甚是冒渎，万乞恕罪！"吴用上前说道："昨奉兄长之命，特令吴某亲诣门墙，以卖卦为由，赚员外上山，共聚大义，一同替天行道。"

卢俊义答礼道:"不才无识无能,误犯虎威,万死尚轻,何故相戏?"宋江陪笑道:"怎敢相戏!实慕员外威德,如饥如渴,万望不弃鄙处,为山寨之主,早晚共听严命。"值得注意的是,宋江说的"早晚共听严命"是什么意思呢?我们等你等得如饥似渴,天天盼着你来骂我们两句,如果你能说我们两句,那真是像雪天烤了火、热天饮了冰,心里会特别舒服。

卢俊义很是惊讶:"我单挑梁山还辱骂你们,以你们的作风,不是应该把我千刀万剐吗?为何要请我做山寨之主?不行不行,我死也不能做这山寨之主。"旁边吴用道:"这事以后再议,先给卢员外置酒压惊。"这边立时准备了丰盛的酒席。卢俊义真饿了,风卷残云般吃饱喝足,小喽啰扶着卢俊义便到后庭去休息了。

第二天,梁山再一次鼓乐喧天,大排宴席宴请卢俊义。酒席宴间,宋江旧事重提,起身把盏,陪话道:"夜来甚是冲撞,幸望宽恕!虽然山寨窄小,不堪歇马,员外可看'忠义'二字之面。宋江情愿让位,休得推却!"卢俊义面对宋江的邀请,他是怎么表态的呢?卢俊义说得特别玄妙:"头领差矣!小可身无罪累,颇有些少家私。生为大宋人,死为大宋鬼。宁死实难听从。"这个话说得绵里藏针、软中带硬。卢俊义告诉宋江宋公明:少跟我来这套,我身上又没背着什么罪恶,家里边有那么多钱,我何苦在这儿当土匪呢?我生是大宋的人,死是大宋的鬼,你就算打死我,我也不会上山的。吴用在旁边又帮腔道:"这事以后再议。"

结果从这一天开始,三日一小宴,五日一大宴,宋江请完吴用请,吴用请完公孙胜请,公孙胜请完林冲请。这大厅之上,几十个头领轮流请卢俊义吃饭,每日都是酒里来宴里去。卢俊义有点不耐烦,他跟宋江表态:"小可在此不妨,只恐家中知道这般的消息,忧损了老小。"吴用建议:"不如把李固李都管及手下这些从人都打发回家去,顺路报个平安也好。"

立时,李固等人都被叫上厅堂来。这些人都吓坏了,连腿肚子都吓转筋了,心里想的是:土匪瞪着眼睛就杀人,现在是回不了家,见不了亲人，要死了。这时吴用道："卢员外在山寨之上看看风景、聊聊天、喝喝酒、盘桓几日，你们先走吧。"说着话呢，宋江专门拿出几锭大银送给李固，另外又拿出几锭大银，分给这些随从。大家一看，不光丢不了命还有钱，挺高兴。当场这些人就都被打发走了。

见众人散去，吴用回头跟卢员外说道："卢员外你且慢饮，我去送送这些人，怕下山的时候小喽啰误会，万一出点纠纷就不好了。"卢俊义道："可以，军师想得周密。"

生活里，绝大多数人富有善意，值得别人信赖，但在特殊时期，一些怀有特殊目的的人也会利用他人的信任做对自己有利的事情。身处梁山之上的卢俊义，在一片恭维声中逐渐放松了警惕，他没有想到，为了达到把他留在梁山上的目的，吴用又开始行动了。

吴用出了厅堂，立时就点了四五百小喽啰，一个一个手拿棍棒，如狼似虎扑下山去。李固等人正走到金沙滩上，立时被这四五百人给围住了。大家都傻了，不是要放我们走吗，怎么又围上来了？围定之后，吴用坐在众人当中，笑眯眯地点手，把李固叫过来，道："李都管，我给你交个实底，卢员外在山寨上已经落草了，坐了我们梁山的第二把金交椅。他是不会回北京大名府了，你回去自己看着办吧！而且卢员外在来之前，已经下定决心要造反，要反朝廷、反大宋，他在自家的粉皮墙上已经题了造反的诗了。"李固哆哆嗦嗦汗流浃背，吴用不慌不忙地给李固念起诗来，这场面也挺醉人的。吴用道："壁上二十八个字，每一句包着一个字。'芦花荡里一扁舟'，包个'卢'字；'俊杰那能此地游'，包个'俊'字；'义士手提三尺剑'，包个'义'字；'反时须斩逆臣头'，包个'反'字。这四句诗，包藏'卢俊义反'四字。今日上山，你们怎知！本待把你众人杀了，显得我梁山泊行短。今日放你们星夜自回去，休想望你主人回来。"李固等只顾下拜。吴用教把船送过渡口，一行人上路奔回北京。

说到这儿，我们分析一下，吴用为什么要下山？为什么要费事地安排五百军兵包围李固？还要专门聊聊诗词？这一招叫作断绝后路。"三十六计"当中专门有一计叫"上屋抽梯",意思是把一个人请到屋子上,然后抽掉梯子把他的退路断掉。吴用为什么要用这一招呢?他发现,卢俊义不往前走、不上山,是因为他有退路,他的退路就是北京大名府,家私亿万、地方首富,有这么好的退路,他当然不上山。只有断掉这个退路,他才能往前找出路。

在吴用的整个计谋里,有一个关键因素——时间。因为消息散布出去之后,得有一个发酵的时间,得有一个从舆论传播到百姓怀疑,再到官府追查的过程,然后才是倾家荡产,这都需要时间。所以"上屋抽梯"之计如果要成功,必须有一个前提,就是卢俊义在山寨里待足够久。

吴用深谙人性当中的一个弱点,就是有可靠的退路时,我们前进的驱动力就不足,大家都愿意守着安乐窝不思进取;但是没有退路处于绝境的时候,我们往往会爆发出巨大的潜力,就能够勇往直前,创造出意想不到的精彩。这叫"士不逼不成,马不打不快"。人就像一管牙膏,没有压力挤一挤,就出不来精彩;人就像一匹马,没有鞭子打一打,就出不来速度。历史上,韩信背水一战、项羽破釜沉舟,这些都属于断了退路,然后出精彩的例子。

为了让卢俊义在山寨里待得久一点,吴用和宋江用了一个很简单的办法,就是请卢俊义喝酒吃饭。一家一家地请,正将三十多人,这一天一人请,就吃过去一个月了。卢俊义实在扛不住了,死活要走。宋江假意应承道:"好吧,军师去安排安排,今天我们送卢员外。"

这边刚准备要下山,那边就有一个人蹦了出来,这个人便是黑旋风李逵。李逵翻着怪眼,大声喝道:"别人的酒都吃得,俺铁牛的酒就吃不得吗?我冒着生命危险,到北京大名府把你诓上山来,你连我一碗酒都不吃,你这是瞧不起我。你瞧不起俺铁牛,我要跟你以命相拼。要喝酒还是玩命,你自己选吧。"铁牛这番话可把卢俊义给吓傻了。其实,铁牛出场是军师吴用早就安排好的。

大家可以特别关注《水浒传》里一个精彩的小细节,叫李逵发脾气。

每次李逵发脾气，其中都涉及一些管理的门道。他实际扮演着替大家说话的角色。

宋江一见卢俊义被吓成这般模样，立声喝住李逵："你这黑厮不许乱嚷。"这边吴用就劝："哪有你这么请人喝酒的？"回头跟卢俊义说道："喝酒吃饭总无恶意，要不然卢员外就安慰一下这个铁牛，吃他一顿。铁牛这人心重脾气急，万一你不吃他的饭，哪天他一着急，要是脑出血咋办啊？也不急着今天回去嘛！"

结果李逵往后，这步军头领请吃了，吃完了，那马军头领也得请吃啊，正将吃完副将吃，副将吃完偏将吃。这下又一个多月过去了。

卢俊义在山寨当中前后停留了有五六十天。眼见着中秋节来了，月亮越来越圆了，风越来越凉了，树叶已经黄了，菊花已经开了，卢俊义心里只有一个感受：露从今夜白，月是故乡明，每逢佳节倍思亲。这一天，卢俊义掉着眼泪跟宋江说道："哥哥，我真吃不下去了，你放我走吧。"宋江点点头道："好的，卢员外，这一次真要安排你走了。"这边准备了吹鼓手，那边准备了轿子，还给卢俊义准备了行囊，打点了包裹，拿上他的刀、他的棒，热热闹闹终于把卢俊义送到了金沙渡口。

卢俊义这回心里有底了，这下真要送我走。那临走之前，要礼尚往来，宋江一招手，小喽啰托过来一个红漆的捧盘。宋江道："卢员外，没有别的东西，这里边有一点金银，是我等兄弟的一点心意，请你笑纳。"卢俊义乐了，道："宋义士，你忘了我是什么人？河北首富，我能缺钱吗？"卢俊义告诉宋江："我交朋友基本不考虑他有钱没钱，因为再有钱，也不可能比我有钱。我要这钱干什么？你就给我来回两张动车票的钱就可以了，其他的我都不要。"为啥要两张呢？摆谱啊，一个自己坐，一个放行李。卢俊义拿了十两银子，收拾东西，过了水泊，来到旱路，脚一沾地，生怕宋江变主意，低头就跑，奔着大名府就来了。

离城还有一两里地的时候，路边突然闪出一个熟悉的身影，中等个头，戴着破头巾，穿着一身褴褛的衣服。卢俊义走近一看，竟然是燕青燕小乙，便问："你不是小乙吗？怎么成这般模样了？"燕青一抬头，看到卢俊义，没等说话，眼泪就掉下来了。卢俊义细问缘故，燕青看了看左右，道："员外主人，这个地方说话不方便，先找一个安全之地。"也不管卢俊义愿意不愿意，燕青直接就把他拉到树林里去了。

往地上一坐，燕青的眼泪又下来了，道："主人，自从你走后，不到半个月，都管李固带着家里人就回来了。回来之后，就给全公司的人开大会，说员外你已经在梁山入伙了，坐了第二把金交椅，不回来了。而且在家里题了反诗，墙上有'卢俊义反'四个字。李固夺了咱万贯的家财，而且跟夫人贾氏做了夫妻，这对狗男女到官府里还首告举报了你。官府已然发下通缉令，要捉拿于你。你现在不能回去，他们在家里设了圈套，你还是返身上梁山吧，回家小心中了奸人的圈套。"

原来燕青是准备给卢俊义去报信的。由于李固使了阴招，霸了家产，把燕青挤出了卢府。可怜这个英雄落得路边乞讨的悲惨地步。

听完燕青的话，面对此情此景，卢俊义的脑袋瓜开始激烈地运算，一边是李固，一边是燕青，我信谁？信李还是信燕？

作为管理者，身边都有好多人，每天大事小情的，公说公有理，婆说婆有理。这时候你信谁不信谁？我们把这个叫作信任感管理，如果管理不好的话，管理者就指挥不了大局，压不住阵脚。

燕青是来通风报信的，他给卢俊义带来了事关生死的重要情报。那么卢俊义相信吗？我们都认为他会信的，但是卢俊义没有相信。卢俊义再一次犯糊涂了，他选择了相信李固、怀疑燕青。卢俊义在身边人管理上出现了很严重的问题，他为自己的糊涂付出了巨大的代价。我们来看一下都出了哪些问题。

问题一：信任管理出现了盲点，理性信任变成盲目信任

听了燕青的话，卢员外回过头一瞪眼睛，喝道："我的娘子不是这般

人，你这厮休来放屁！"燕青来救卢俊义的命，卢俊义居然这样侮辱燕青。不过燕青真是忠诚，一点儿也没有介意，还继续解释。但是，卢俊义完全不听，大喝一声道："我家五代在北京住，谁不识得！量李固有几颗头，敢做恁般勾当！莫不是你做出歹事来，今日倒来反说！我到家中问出虚实，必不和你干休！"卢俊义不信燕青，居然还反咬一口。燕青掉着眼泪抱住卢俊义。卢俊义二话不说，抬起脚就把燕青给踢一边去了。

说到这儿，也只能感叹，卢俊义是个有钱的人，是个骄傲的人，也真是一个糊涂的人。

作为管理者，往往会对身边一些能力强的人格外欣赏和信任。李固就是一个超级能干的人，作为卢俊义的帮手，他能里能外，把个卢家打理得井井有条。卢俊义对这个帮手是一万个满意。在卢俊义的潜意识里，李固这样能干而又顺从的人是绝对不会背叛自己的。那么卢俊义的这种心态究竟暗藏着怎样的心理学规律呢？

大家反过来想一想，为什么在工作生活当中，我们会轻而易举地相信别人？这种轻信是从哪儿来的？为什么我们会信那些不该信的人？

组织行为学的研究得出，人和人之间的信任分为四种。

第一种是风险信任，基于利害分析得出结论。如果合作收益比较高，背叛对方的话没什么好处，那么在这种情况下我们会信任对方。比如我们选择信任猪八戒，因为我们相信他跟着团队就能上西天修成正果，他一旦离开，就没前途，就永远是个憨货猪头，所以他是不会变心的。基于这个风险判断，我们就会信任八戒，这叫风险信任。

第二种是沟通信任，以沟通交流的方式造就彼此的感情认同。其中最主要的是互相理解，适当示弱，展示依赖。各位都知道一个词——怜爱，让人怜才能让人爱。因此，我们在发展感情的时候，一定要懂得示弱沟通，展示依赖。逛街要一起逛，吃饭要一起吃，看电影要一起看。你从外边回家了，如果你老婆问你"外边饭好吃还是家里饭好吃"？那么你一定要说，还是家里的饭好吃，在外边我都吃不饱。一个女人会因为这句话特别开心。只有示弱沟通、展示依赖，才能造就沟通的信任。

第三种是技能信任，由专业技能和业绩表现导致的信任。特别是在完成重要任务的过程中，如果对方和我们并肩作战，我们就会彼此产生信任。比如一起打过仗的战友，一起对抗过病魔的病友，一起经历过艰险旅途的"驴友"。经历过这些同甘共苦，自然就有了信任。

第四种是价值观信任，由坚定的信念和稳定的价值观导致的信任。比如我们相信唐三藏比猪八戒可靠，无论猪八戒怎样沟通讨好，怎样展示呼风唤雨、三十六变，怎样跑前跑后忙里忙外，我们都选择相信唐三藏，因为他有坚定的信念和价值观。

现在，我们基于上述四种信任来分析一下卢俊义为什么相信李固。

首先看风险信任。卢俊义认为，背叛对李固没什么好处，李固一个外乡人，无亲无故，所有荣华富贵都是他给的。如果说卢俊义是董事长，那李固就是职业经理人，大权在握、如鱼得水、年薪百万。要离开的话，李固便一文不值。所以从风险角度来讲，卢俊义轻易相信，李固不会造反，不会背叛。

再来看沟通信任。这是李固的擅长之处，李固经验丰富，会揣摩卢俊义的心思，在卢俊义面前总保持低姿态，懂得示弱，总展示依赖。李固在这方面是花了很多心思的，他的沟通方式让卢俊义很喜欢。

接着说技能信任。李固是卢俊义生意上的左膀右臂，相比之下，燕青只扮演了一个助理和司机的角色。李固是职业经理人啊，他懂财务、懂业务、懂营销、懂生产，跟卢俊义一起在商场上起落沉浮，做过很多大项目，谈过很多大单子。合府上下，李固的经营才能那是一等一的。所有这些都给卢俊义造成一种错觉，就是李固从里到外都很可靠，他不会变心。

卢俊义也不是随随便便就信任一个人的，他基于风险信任、沟通信任和技能信任，就觉得李固不会反叛。那为什么友谊的小船说翻就翻呢？因为卢俊义忽略了一条，人跟人之间最重要的信任是价值观的信任，他没有看李固的价值观。

各位仔细想一想，天使和魔鬼有什么不一样？其实，天使和魔鬼在技能上没什么差别，而且在交往过程中，魔鬼可能长得更顺眼，说话更好听，看起来更贴心。天使和魔鬼最核心的区别就是价值观不一样。我们在选人用人的时候，如果不做价值观的测试，真的有可能把魔鬼当天使请进自己的事业，请进自己的生活，结果必然是一团糟。

卢俊义的问题就在这里，他根本没有想到李固是个心术不正的小人，没有做价值观测试，他就轻易相信李固了。因此，我们给卢俊义的定性是，他是一个有经营才能，有经营方法，有家财万贯，但不懂得选人用人、知人善任的糊涂企业家。他在取得成功之后，容易陷入灾难的泥淖。

需要特别提醒的是，各位创业中的企业家一方面要发展业务，另一方面要懂得知人善任。大德始于自治，大治莫若知人。最高级的智慧是，把别人看明白。这点卢俊义是不行的。

由于这个糊涂心，卢俊义一脚踢开了燕青。这哪里是踢开了燕青，他是踢掉了自己的平安。卢俊义甩开大步，奔着大名府城里就来了。

接下来我们分析一下，卢俊义成败的第二个经验教训。

问题二：监督控制出现空白，授权变成放纵

卢俊义冲进卢府，合府上下一见卢俊义回来，都很惊讶。李固迎面出来，一见卢俊义就变了脸色。卢俊义上来就问："燕小乙何在？"这李固一把抓住卢俊义的手，又来了一段示弱沟通，他答道："主人你怎么才回来啊？燕青的事一言难尽，先歇歇再说，歇歇再说。"这时，后堂转出了夫人贾氏，贾氏也是示弱沟通，哭哭啼啼道："丈夫你怎么才回来？我是朝也想、晚也盼，终于把你盼回来了。"卢俊义还是这句话："燕小乙出什么事了？你们给我讲讲。"夫人贾氏想使用拖延策略，道："一会儿再讲，先坐下喘喘气。"卢俊义心中疑虑，定要问燕青情况。李固又使了转移话题策略，道："员外，看你这气色，一路劳顿，没吃早餐吧？咱先安排上

饭，早膳之后我跟您细说。"这个缓兵之计起作用了，卢俊义真有点饿了。

这边准备了饭，卢俊义坐那儿准备开吃。标准的河北早餐，咸鸭蛋、小米粥、大包子。话说，卢员外举箸将食，还没送到嘴里，外边惊天动地一声喊。两三百个公差如狼似虎地扑进屋中，二话不说，直接将卢俊义打翻在地，捆了个结结实实。这早餐没等吃粽子，自己变成粽子了。

卢俊义被绑着推进了大名府。这之前，李固已经派人报了信。公衙之上，如狼似虎的差人列立两厢。大名府留守梁中书一拍虎胆（惊堂木），道："好你个卢俊义，胆敢上梁山去落草，还坐了第二把金交椅。放着好好的富翁日子不过，真是阳关大道你不走，地狱无门自来投。你说吧，怎么回事？"

卢俊义赶紧解释："梁大人，梁大人！我冤啊！我路过梁山，被贼人给劫上山去。我是不愿意入伙的，好日子在这儿摆着，我傻啊我入伙？尽管他们早也劝、晚也劝，我是坚决不入伙的。他们还天天请我吃饭，而且吃饭就喝酒，喝完白的喝啤的，喝完啤的喝红的……我在梁山这小半年长了十斤肉，我哪里想造反啊？我这回来还想过好日子呢！"

卢俊义解释有用吗？根本没用。因为这边李固已经使了钱了，就是要置他于死地。一看卢俊义解释，李固道："主人既到这里，招伏了罢。家中壁上见写下藏头反诗，便是老大的证见。不必多说。"贾氏道："不是我们要害你，只怕你连累我。常言道：'一人造反，九族全诛！'"卢俊义跪在厅下，叫起屈来。李固道："主人不必叫屈。是真难灭，是假易除。早早招了，免致吃苦。"贾氏道："丈夫，虚事难入公门，实事难以抵对。你若做出事来，送了我的性命。自古丈夫造反，妻子不首，不奈有情皮肉，无情杖子。你便招了，也只吃得有数的官司。"

卢俊义这回才明白，这一对男女是要置自己于死地啊！卢俊义当然不承认，跪在厅下，叫起屈来。

公人们喊了一声，把卢俊义摁翻在地，二话不说，棍棒上来就打，直打得他鲜血迸流、皮开肉绽。卢俊义没办法了，现在要不承认就死在堂上了。卢俊义仰天长叹："看来我真是要落一个横死啊！"没办法，他当堂就屈招了。这边差人拿了大铁枷，把卢俊义枷起来推到了牢狱之中。

说到这儿，大家来想一个问题，李固如何能一手遮天、夺了家产，而且还能够翻云覆雨、左右局势？用现代眼光来看，卢俊义就是公司董事长，李固是个职业经理人，结果这个经理反害董事长，占了股份，抢了家产，而且还夺了董事长的老婆。这卢俊义怎么搞的？怎么就让人夺权造反了呢？

我们经常说，对手下人要授权，可是大家要知道，授权的前提是要有监控，风筝再高得有根线，千里马再好得有根鞭子，发动机再棒也得有刹车。授权不是大撒把，不是不闻不问。实际上，李固并无特殊之处，但他的阴谋得逞了，根本的原因还是卢俊义对李固这个人缺乏监控，自己做了甩手掌柜，导致李固一手遮天。授权要充分，但是不能当甩手掌柜，而要保持必要的监控。另外，监控不能凭直觉靠经验，而要有方法和措施。

关于加强监控，我给大家介绍一种方法——内部牵制。我以前是做会计的，我们单位一个会计和出纳谈恋爱，后来结婚了。会计和出纳成了一家人，结果领导就要求他俩中的一个转岗。为什么呢？因为会计和出纳不能是一家人，管账的和管钱的不可以是两口子。这个措施就叫内部牵制。内部牵制的办法就是按照上下牵制、左右制约、互相监督的原则，实行机构分离、职务分离、钱账分离、物账分离等，把工作分成不同模块、不同环节，交给不同的人，管账的不管钱、管钱的不管账，办事的不管审核，审核的不负责办事，避免一家独大、一个人包揽所有的管理流程。内部牵制机制的建立主要基于两个设想：第一，两个或两个以上的人无意识地犯同样错误的可能性是很小的；第二，两个或两个以上的人故意合伙舞弊的可能性会大大低于一个人。发挥内部牵制机制作用，就能实现上下牵制、左右制约，就能起到加强监控、防范风险的作用。

卢俊义作为河北首富、大企业家，就忽略了内部监控，没有建立有效的牵制机制，导致李固一家独大、一手遮天、翻手为云覆手为雨。另外，卢俊义手底下那么多人，居然没有人能制约李固。这是卢俊义自己考虑不周、管理不严造成的恶果。

我们必须注意，做事情不能单纯安排给某一个人，一项工作必须大家分工负责，形成合力。合力既是工作的推动力，也是工作的约束力。行动方向一致就是动力，行动方向相反就是阻力。紧急时刻能踩刹车，这样就能确保任何一个人不管在哪个位置上都不能随意乱来。有效的管理可以保证一点：即使有叛将，也不会有叛军，就算是某个带队伍的将领变心了，他也拉不走我们的队伍。

卢俊义的财产被别人占了，队伍被别人拉走了，老婆也变心了，现在他已经处在山穷水尽的绝境当中了。

不过幸好卢俊义做对了一件事，他有一个赤胆忠心的好部下燕青，关键时刻全靠燕青出手搭救。

轻信李固给卢俊义招来了天大的灾难。在公司里也一样，能力强的骨干一旦获得领导信任，手里有了相当的权力，一方面有可能为公司发展做出更大贡献；但另一方面也有可能在监督失位的情况下以权谋私，给企业发展带来非常不利的影响。那么作为管理者，要想妥善处理好信任与监督之间的关系，究竟该怎样做呢？

问题三：培养出色的铁班底，防范意外

吃了三十杀威棒的卢俊义被推进了牢狱当中，狱中炕上坐着一条好汉，这是大名府著名的刽子手，号称铁臂膊蔡福。有诗为证：两院押牢称蔡福，堂堂仪表气凌云。腰间紧系青鸾带，头上高悬垫角巾。行刑问事人倾胆，使索施枷鬼断魂。满郡夸称铁臂膊，杀人到处显精神。蔡福是个杀人不眨眼的人物，卢俊义的腿都软了，不敢作声。蔡福旁边站着他的小兄弟，头戴一枝花。这个小押狱蔡庆，生来爱戴一枝花，河北人都叫他一枝花蔡庆。蔡福道："你且把这个死囚带在那一间牢里，我家去走一遭便

来。"蔡福出得门来，迎面就碰到了浪子燕青。

《水浒传》到这儿，写了一个特别感人的场景：蔡福认得是浪子燕青。蔡福问道："燕小乙哥，你做甚么？"燕青跪在地下，擎着两行珠泪，告道："节级哥哥，可怜见小人的主人卢员外，吃屈官司，又无送饭的钱财！小人城外叫化得这半罐子饭，权与主人充饥。节级哥哥怎地做个方便，便是重生父母，再长爷娘！"说罢，泪如雨下，拜倒在地。蔡福道："我知此事，你自去送饭把与他吃。"燕青拜谢了，自进牢里去送饭。

大家看，卢俊义这么委屈燕青，但是燕青不离不弃，赤胆忠心，这一幕特别让人感动。燕青身上有忠义之士的三个基本特征：一是忠言逆耳，该说就说；二是宠辱不惊，尽心尽力；三是患难不弃，挺身而出。就靠着这么一个人，卢俊义才能不死。

见过燕青后，蔡福继续朝着家的方向走。蔡福转过州桥来，只见一个茶博士叫住唱喏道："节级，有个客人在小人茶房内楼上，专等节级说话。"蔡福来到楼上看时，却是主管李固。各施礼罢。蔡福道："主管有何见教？"李固道："奸不厮瞒，俏不厮欺。小人的事都在节级肚里。今夜晚间，只要光前绝后。无甚孝顺，五十两蒜条金在此，送与节级。厅上官吏，小人自去打点。"蔡福笑道："你不见正厅戒石上刻着'下民易虐，上苍难欺'？你的那瞒心昧己勾当，怕我不知？你又占了他家私，谋了他老婆，如今把五十两金子与我，结果了他性命。日后提刑官下马，我吃不的这等官司！"李固道："只是节级嫌少，小人再添五十两。"蔡福道："李固，你割猫儿尾拌猫儿饭。北京有名恁地一个卢员外，只直得这一百两金子？你若要我倒地他，不是我诈你，只把五百两金子与我！"李固便道："金子有在这里，便都送与节级，只要今夜晚些成事。"蔡福收了金子，藏在身边，起身道："明日早来扛尸。"李固拜谢，欢喜去了。

卢俊义是河北首富，世代居住在大名府，三教九流也结交了不少，但危急时刻，为什么偌大一个大名府竟然无人出手相救？为什么就剩下一个仆人兼司机燕青给他送一碗馊粥喝？这至少可以说明两个问题。

第一个问题，卢俊义平时自高自大，不太注重交流沟通、感情建设，没有维护好朋友圈。所以大家要记得，别人在朋友圈里给你点赞，你有空要给人点回去。

第二个问题，李固做手脚了，钱能通神，他用大把的金银上下打点，左右了局面。在这种情况下，卢俊义命悬一线。

不过接下来出现了两个生机。

第一个是小旋风柴进的出场。

蔡福回到家里，却才进门，只见一人揭起芦帘，随即入来。那人叫声："蔡节级相见。"蔡福看时，但见那一个人生得十分标致。

身穿鸦翅青团领，腰系羊脂玉闹妆。

头戴鹧鸪冠一具，足蹑珍珠履一双。

那人开话道："节级休要吃惊，在下便是沧州横海郡人氏，姓柴名进，大周皇帝嫡派子孙，绰号小旋风的便是。只因好义疏财，结识天下好汉，不幸犯罪，流落梁山泊。今奉宋公明哥哥将令，差遣前来打听卢员外消息。谁知被赃官污吏淫妇奸夫通情陷害，监在死囚牢里，一命悬丝，尽在足下之手。不避生死，特来到宅告知：如是留得卢员外性命在世，佛眼相看，不忘大德；但有半米儿差错，兵临城下，将至濠边，无贤无愚，无老无幼，打破城池，尽皆斩首！久闻足下是个仗义全忠的好汉，无物相送，今将一千两黄金薄礼在此。倘若要捉柴进，就此便请绳索，誓不皱眉。"蔡福听罢，吓的一身冷汗，半晌答应不的。柴进起身道："好汉做事，休要踌躇，便请一决。"蔡福道："且请壮士回步，小人自有措置。"

蔡福得了这个消息，摆拨不下。思量半晌，回到牢中，把上项的事却对兄弟说了一遍。蔡庆道："哥哥平生最会决断，量这些小事，有何难哉！常言道：'杀人须见血，救人须救彻。'既然有一千两金子在此，我和你替他上下使用。梁中书、张孔目都是好利之徒，接了贿赂，必然周全卢俊义性命，葫芦提配将出去。救的救不的，自有他梁山泊好汉，俺们干的事便了也。"蔡福道："兄弟这一论，正合我意。你且把卢员外安顿好处，牢中早晚把些好酒食将息他，传个消息与他。"蔡福、蔡庆两个商议定了，暗地里把金子买上告下，关节已定。

按宋江和吴用的安排，柴进跑到大名府上下打点，买了卢俊义的命。最后官府就给卢俊义定了罪，杖脊四十，刺配三千里外沙门岛。

李固不服，他又想了一招来害卢俊义的性命。卢俊义被刺配沙门岛，解差是谁？董超和薛霸，当年害林冲的也是这两个人。梁中书因见他两个能干，就留在留守司勾当。今日又差他两个监押卢俊义。李固得知，只叫得苦，便叫人来请两个防送公人说话。董超、薛霸到得那里酒店内，李固接着，请至阁儿里坐下，一面铺排酒食管待。三杯酒罢，李固开言说道："实不相瞒上下，卢员外是我仇家。如今配去沙门岛，路途遥远，他又没一文，教你两个空费了盘缠。急待回来，也得三四个月。我没甚的相送，两锭大银，权为压手。多只两程，少无数里，就便的去处，结果了他性命，揭取脸上金印回来表证，教我知道，每人再送五十两蒜条金与你。你们只动得一张文书；留守司房里，我自理会。"董超、薛霸两两相觑，沉吟了半响。见了两个大银，如何不起贪心。董超道："只怕行不得。"薛霸便道："哥哥，这李官人也是个好男子。我们也把这件事结识了他，若有急难之处，要他照管。"李固道："我不是忘恩失义的人，慢慢地报答你两个。"

这两个黑心的帮凶，拿了好处就决定在路上害卢俊义。

走不远一片黑松林，两个人把卢俊义捆到树上，假装要休息。卢俊义这边刚打盹儿，那边董超给薛霸使了个眼色。董超出去望风。薛霸两只手拿起水火棍，望着卢员外脑门上劈将下来。董超在外面只听得一声扑地响，慌忙走入林子里来看时，卢员外依旧缚在树上，薛霸倒仰卧倒树下，水火棍撇在一边。董超道："却又作怪！莫不是他使的力猛，倒吃一交？"仰着脸四下里看时，不见动静。薛霸口里出血，心窝里露出三四寸长一枝小小箭杆。却待要叫，只见东北角树上，坐着一个人，听的叫声："着！"撒手响处，董超脖项上早中了一箭，两脚蹬空，扑地也倒了。

那人扑地从树上跳将下来,拔出解腕尖刀,割断绳索,劈碎盘头枷,就树边抱住卢员外放声大哭。卢俊义开眼看时,认得是浪子燕青,叫道:"小乙,莫不是魂魄和你相见么?"燕青道:"小乙直从留守司前,跟定这厮两个。见他把主人监在使臣房里,又见李固请去说话。小乙疑猜这厮们要害主人,连夜直跟出城来。主人在村店里被他作贱,小乙伏在外头壁子缝里都张得见。本要跳过来杀公人,却被店内人多不敢下手。比及五更里起来,小乙先在这里等候,想这厮们必来这林子里下手。被我两弩箭,结果了他两个。主人见么?"

关键时刻,还是燕青救了卢俊义的性命。到此时,卢俊义才真正感觉到燕青才是最可信赖的人,他是又感动又惭愧。

至此,卢俊义已经犯了三个错误:

第一个错误,误信算命,独自远走;

第二个错误,自高自大,单挑梁山;

第三个错误,不辨忠奸,冤枉燕青。

大家注意,在这三个错误发生的过程中都有人给他提醒,卢俊义每次都不听。我们这位卢员外因为自己的自高自大算是结结实实吃了些苦头。失败是最好的老师,失败长见识,经历了这场大难,卢俊义终于有所醒悟了。疾风知劲草,烈火炼真金。在危难时刻,卢俊义真正认识到燕青的仁义忠勇。有燕青陪在身边,他心里踏实多了。不过,正所谓刚出虎穴又入狼窝,刚刚安顿下来的卢俊义和燕青并不知道,一场新的杀身之祸正在朝他们袭来。那么,深陷小山村人单势孤的他们能够转危为安吗?我们下一讲接着说。

第四讲
帅气新人受欢迎

在职场中，一个人素养的高低往往会通过一些关键事情显露出来。刚到梁山的燕青一没有靠山，二没有显赫出身，可就是这样一个人微言轻的小人物，却在跟宋江的一次出差行动中，办成了他人无法办成的大事。在整个办事过程中，燕青举止有度、百伶百俐、积极努力、善于克制，最终从众人中脱颖而出，成为梁山上举足轻重的人物。那么，燕青究竟是如何完成这项高难度任务的？他又向我们展示了怎样的职场素质和能力呢？

大家对"小鲜肉"这个词肯定不陌生，"小"对应的就是年轻有活力，"鲜"说的是俊朗帅气，颜值很高，"肉"对应的是健康的体魄。一些知名歌手、影视演员受到众人的喜爱与追捧，发个微博，点赞的人数都能创纪录。

有人问我，水泊梁山英雄好汉里有"小鲜肉"吗？告诉大家，还真有，比如小温侯吕方、赛仁贵郭盛、毛头星孔明、独火星孔亮，这些都是标准的"小鲜肉"。不过要出排行榜的话，第一名肯定是25岁的少年英雄燕青燕小乙。燕青不光长得帅气，而且武功高强，相扑天下第一，善使弩箭，百步穿杨。最难得的是，他聪明过人，善于沟通，明明可以靠颜值也可以靠武功，但他走了靠智慧沟通的路线。我们给燕青做个总结，他属于武功高、颜值高、情商高、智商高的奇才。《水浒传》后六十回里，燕青应该是最精彩的一个人物。那么，今天我们就来分析一下，作为一个职场新人，刚上梁山的燕青，是怎么获得职业晋升机会的。

细节故事：燕青座次有奥妙

水泊梁山英雄排座次，排了一百零八条好汉，三十六个正将，七十二个副将。其实这个燕青一开始在梁山挺尴尬的，他本身是卢俊义的心腹，既不是晁盖的人，也不是宋江的人，半路上山，没什么贡献。其实老领导卢俊义还给燕青带来了一点点的尴尬，卢俊义跟宋江存在着内部竞争的关系。从李逵、武松、鲁智深，一直到吴用，这些人对卢俊义都是激烈反对的。由于这种状况的存在，燕青其实处于一种受夹板气的状态。

不过神奇的是，燕青跟众好汉的关系处得挺好，就连反对卢俊义当一把手的黑旋风李逵，也和燕青成了最好的朋友，左一个"小乙哥"，右一个"小乙哥"。另外，燕青也很好地处理了和宋江的关系，上山不久，即取得了宋江的高度信任。宋江对他的倚重超过了很多江州时期的弟兄。最后梁山英雄排座次，三十六个正将，七十二个副将，燕青是多少名呢？刚好是第三十六名。可以说，燕青靠自己的优异表现幸运地抓住了最后一个正将名额。

燕青职业生涯的起飞，可以从一次意外出差说起。那么，燕青是怎么意外获得提拔的呢？这是《水浒传》的第七十二回，叫作"柴进簪花入禁院，李逵元夜闹东京"。

话说梁山好汉正月十五要到东京汴梁去观灯，宋江在忠义堂上安排去东京观灯的人员。宋江自己和柴进是一路，武松和鲁智深是一路，刘唐和朱仝是一路，史进和穆弘是一路。后边这几位都是水泊梁山步战当中最能打的英雄。

安排八个人之后，宋江发出将令，其他的人一律留守山寨。结果关键时刻，有一个人就蹦出来了，此人就是黑旋风李逵。

李逵说："早听说东京花灯好看，你们都去，俺铁牛也要去。"宋江不答应。李逵说："死也要去，活也要去，我一定要去。"最后宋江无奈，只好答应，他安排李逵扮作自己的随从。同时，宋江特别安排燕青和李逵同行，让燕青路上盯着李逵，防止他闯祸。

大家注意一个非常有趣的现象：李逵外号"黑旋风"，手使两把大斧，脾气急、性子猛，天不怕地不怕。梁山团队里到底谁能管住李逵呢？居然是"小鲜肉"燕青。这件事值得我们好好分析一下。

关于燕青为什么能管住李逵，《水浒传》第七十三回是这样说的："原来燕青小厮扑天下第一，因此宋公明着令燕青相守李逵。李逵若不随他，燕青小厮扑，手到一交。李逵多曾着他手脚，以此怕他，只得随顺。"这里提到一个信息，燕青擅长摔跤和近身格斗，把李逵给打服了。当然光打只能是口服，李逵重感情，燕青和李逵交往密切，彼此交心，最后把李逵给哄服了。这种连哄带打的策略终于让李逵心服口服。

燕青和李逵搭配，这个"青葵组合"从文学创作角度来讲，也有利于作品后续内容的展开。这种"粗"与"细"的搭配，看似矛盾，其实相辅相成：李逵爱惹事，引发故事；燕青能办事，带动故事进一步发展。例如，李逵听信谣言，误认为宋江强抢民女，惹了大祸，结果由燕青来想办法弥补，捉拿真凶。可以说，《水浒传》后半部的精彩故事很多是由李逵、燕青这一对搭档来演绎的。

在水泊梁山的好汉之中，除了宋江能管住李逵，燕青也能管住李逵。这里面包含着一个非常有趣的职场策略，叫作搭桥策略。燕青想和宋江拉近距离，可是他又没有机会跟宋江多接触，怎么办呢？好办。宋江最信任的人是谁呢？李逵嘛。所以燕青就跟李逵多接触，获得李逵的认可，自然就能获得宋江的信任。这就是搭桥策略。

想和一个人改善关系，但是缺乏有效渠道或条件时，我们可以使用搭桥策略。一个职场新人初到一个新公司、新单位，如果想跟张三建立交往、获得认同，却没有渠道，怎么办呢？方法是找一个张三信任的人李四，只要跟李四建立很好的交往，自然就能获得张三的信任。燕青用的就是这个方法，他是一个特别善于交朋友的人。另外，由于跟李逵关系好，燕青才获得了这次跟领导一同出差的机会。所以，我们经常说，机遇属于有准备的人。其实，机遇还属于会交朋友的人。《三国演义》里谁最会交朋友？当然是刘备，他总是用帮人的方式去求人，谦虚低调，成全别人。例如，刘备跟公孙瓒交朋友，公孙瓒给了刘备部队和地盘。接着，刘备跟陶谦交朋友，一心一意帮陶谦守徐州，陶谦感动啊："老刘，你有什么困难吗？我帮帮你得了。"刘备后退半步说："陶总，你那么忙，我就不给你添麻烦了。"陶谦一跺脚："千万别客气，就让我帮帮你吧。"最后，刘备就有了徐州。

燕青是个会交朋友的人，他和李逵关系密切，感情深厚。宋江就安排燕青来管李逵，燕青就获得了一次重要的机会——和领导一起出差。

在公司中，有的员工平日里喜欢钻研业务，善于思考，这样的人关键时候常常能够顶得上去，从而受到公司领导的重用。刚到梁山的燕青一没有朋友，二没有出身，要想在事业上有所发展，就必须依靠自己的聪明才智和不懈努力。在一次跟领导宋江出差的行动中，燕青最终脱颖而出，取得了不小的成就。那么，这次出差，燕青究竟有怎样的神奇表现呢？

在出差过程中，燕青大事精彩，小事出色，让众人喜出望外。回到梁山之后，燕青就获得了最重要的提拔机会。本来燕青刚上山时也就是一个普通的步军统领，宋江要到京城看花灯，也没打算带他，只是李逵闹着要去，宋江只好要燕青陪去，任务无非是看住李逵。

没料想燕青是那种给点阳光就十分灿烂的人物，一到东京就说服李师师，引宋江与花魁娘子对坐饮酒，凭一唱一哭打动了徽宗，进而将欲受招安的意思和盘托出，使徽宗了解了童贯、高俅等人兵败梁山的实情，下定了招安梁山好汉的决心。在整个事件中，燕青察言观色的本事、八面玲珑的沟通、随机应变的心机、当机立断的魄力，无不令人拍案叫绝。因为这一次的突出表现，后来的招安之事，宋江几乎交给燕青一手操办。燕青成了梁山最重要的外交人才和谍报人才。

作为一个职场新人，燕青抓住机遇获得了快速提升，他的很多行为方式对年轻人很有借鉴意义。很多时候，我们会作为随员或助手，跟随领导一起出差办事。跟领导一起出差，怎么做才能让自己表现得更好，燕青给我们展示了三条技巧。

第一个，跑前跑后。领导没起我先起，领导睡了我不睡，领导到前我先到，事前安排布置，事后收拾打扫。

第二个，忙里忙外。整理流程，安排场面，布置东西，外部联络，敲门报名，接人送人，里里外外都安排妥当。

第三个，接地通天。跟基层人打交道叫接地，燕青跟李师师的干娘李妈妈，还有府上的所有丫鬟仆人都处得来、混得好，很接地气，大家都管燕青叫叔叔。另外，燕青跟天子徽宗皇帝也能有效沟通，他能揣摩上意，寻找共识，建立共同语言，快速获得认可，这叫通天。既能接地气，也能通天心；既能干俗的，也能干雅的。

我们跟领导一起出差，工作核心就是这三个技巧：跑前跑后、忙里忙外、接地通天。燕青做得都很到位，所以在梁山好汉当中，燕青排名第三十六，号为天巧星，他真的很有技巧。

梁山好汉三十六员正将，燕青排在第三十六位，正好是最后一位，也就是说，刚刚好踩在这个槛上。如果不争取的话，燕青就拿不到这个正将名额。世界上没有无缘无故的成功，作为一个职场新人，燕青有三个工作方法是值得我们学习的。

方法一：重大活动中，做好"打前站""扫尾巴"的细致任务

宋江带着燕青、李逵、武松、鲁智深等好汉热热闹闹来到东京汴梁，寻到了京城名妓李师师的住所。在街巷口，宋江跟燕青咬耳朵，低声说

道："我要见李师师一面，暗里取事。你可生个宛曲入去，我在此间吃茶等你。"什么叫暗里取事呢？通过李师师这层关系见到宋徽宗，商量招安的事。本来燕青是负责看管李逵的，打前站的事应该是戴宗或柴进干的，但宋江让燕青去。燕青二话不说就挺身而出。宋江自和柴进、戴宗在茶坊里吃茶。

在工作中，部分年轻人爱斤斤计较，常说的一句话就是：这事儿不归我管。但是，如果你不做的话，你就会失去机会。我给年轻人的建议是：多做事多长本事，多付出多抓机遇，多贡献多成长。燕青如果没有这一次的付出和担当，怎么能展示自己才华呢？

听完宋江的部署，燕青拱手说："哥哥稍候，我去去就来。"燕青一闪身，就进了李师师的家，揭开青布幕，掀起斑竹帘，转入中门，见挂着一碗鸳鸯灯，下面犀皮香桌儿上，放着一个博山古铜香炉，炉内细细喷出香来。两壁上挂着四幅名人山水画，下设四把犀皮一字交椅。燕青见无人出来，转入天井里面，又是一个大客位，铺着三座香楠木雕花玲珑小床，铺着落花流水紫锦褥，悬挂一架玉棚好灯，摆着异样古董。

屋里没人，燕青就轻咳了一下。你看这份技巧，不是大呼小叫，而是轻咳了一下。屏风后边转出一个小丫鬟，名叫梅香。小姑娘打扮得干干净净的，腰身曼妙，鹅蛋脸、大眼睛，特别机灵，见燕青道个万福，便问燕青："哥哥高姓？那里来？"燕青道："相烦姐姐请出妈妈来，小闲自有话说。"梅香入去不多时，转出李妈妈来。

燕青厉害，见李妈妈之后，巧妙运用三招就把事情办成了。

第一招，伪装成熟人，给对方吃一颗定心丸。燕青二话不说，撩衣服跪到地上，纳头四拜，把李妈妈给弄愣了。李妈妈道："小哥高姓？"燕青答道："老娘忘了，小人是张乙儿的儿子张闲的便是。从小在外，今日方归。"原来世上姓张、姓李、姓王的最多。那虔婆思量了半晌，又是灯下，认人不仔细，猛然省起，叫道："你不是太平桥下小张闲么？你那里去了？许多时不来。"她报出名，燕青当然就认："妈妈，正是我啊。"燕青的熟人策略大功告成。

请问燕青为什么要装熟人？这就是燕青的心机。燕青早揣摩过李妈妈的心思，这个李妈妈有三个特点。

第一，她是一个爱财之人。

第二，她有怕事的心理。因为李师师被天子相中了，万一惹怒了天子，那是要掉脑袋的。因此，李妈妈虽然爱财，却不能轻易安排李师师和别人见面。

第三，她有抓大放小的策略。这个李妈妈，小钱肯定是不挣的，但是有了可靠的挣大钱的机会，她是不愿意放手的。这就叫小钱看不上，大钱不肯放。

基于李妈妈这种风险心理，燕青明白李妈妈肯定愿意结交有财有势的人挣大钱，同时又担心对方提过分要求、做过分举动，惹恼了师师，惹怒了天子，那结果就是大家一起死。因此，燕青上来就装熟人，给李妈妈吃定心丸。装熟人有两个好处：第一，告诉李妈妈，不用担心，我是熟人，了解情况，不敢做出格的事；第二，不用费心，种种细节、来龙去脉，咱都明白，不用费口舌，我就可以把事做好。燕青装熟人的策略，很好地稳住了李妈妈的心神，让她吃了一颗定心丸。如果是一个生人的话，李妈妈十有八九不会把李师师请出来。

第二招，捅破窗户纸，讲出目的。燕青说："小人一向不在家，不得来相望。如今伏侍个山东客人，有的是家私，说不能尽。他是个燕南、河北第一个有名财主，来此间做些买卖。一者就赏元宵，二者来京师省亲，三者就将货物在此做买卖，四者要求见娘子一面。"

这一番话，燕青亮出了底牌：我们有正常生活，有正常社会背景，还有亲戚在京城，只求同席一饮。别担心，我们不会有非分之想，只想一起喝两盅。这进一步打消了李妈妈的疑虑。

第三招，亮出撒手锏。燕青说："不是小闲卖弄，那人实有千百两金银，欲送与宅上。"这属于通过报价要约，把无价值沟通变成有价值沟通，告诉李妈妈，为求一个见面愿意支付许多金银珠宝。一听这话，贪财的李妈妈眼睛直冒光，回头跟小丫鬟说："去，把你姐姐给请出来。"

宋江见李师师之前派燕青来打前站，亮身份，谈需求，报价格，讲条件，给自己出场做铺垫。这套铺垫工作，燕青做得非常出色。

后来黑旋风李逵闹起来，放火烧宅子，元夜闹东京，宋江被林冲、秦明率领的马军给救走了。临走之前，宋江安排给燕青一个重要任务，让他在客店里等李逵，务必把李铁牛安全地带回山寨。在局势糜烂崩溃、大家都要撤的时候，总要有一个人做收尾工作，画个句号。谁来担当呢？还是燕青。"打前站""扫尾巴"这两项任务，燕青都做得非常细致。

徽宗皇帝是一国之君，宋江是梁山头领，两个人身份相差千里，但在《水浒传》中，他们二人却神奇地见面了，而这次匪夷所思的会面之所以大获成功，燕青的作用至关重要。那么，燕青是怎样克服重重困难，完成了这难以想象的艰难任务的？在整个事件中，他又向我们展示了怎样高超的职场智慧呢？

方法二：利用自己的特长优势，多发挥补台补位作用

这位李妈妈答应把大美女李师师请出来相见，燕青这边就去请宋江等人。宋江前后三见李师师，这回是第一次见面。本来准备深谈详谈，可是后来徽宗皇帝突然来了，宋江和燕青他们只得暂时告退。第二天，宋江登门二见李师师。一见、二见的时候，燕青都是随从；等到三见李师师的时候，宋江带着戴宗来，燕青就已经成了主角了，他的晋升特别快。

见李师师不容易，要见美人需拿黄金开路，宋江未见人之前先把金银珠宝送上，这些工作都是燕青一手办理的。《水浒传》原文是这样写的：

燕青道："主人再三上复妈妈，启动了花魁娘子。山东海僻之地，无甚希罕之物，便有些出产之物，将来也不中意。只教小人先送黄金一百两，与娘子打些头面器皿，权当人事。随后别有罕物，再当拜送。"李妈

妈问道："如今员外在那里？"燕青道："只在巷口，等小人送了人事，同去看灯。"世上虔婆爱的是钱财，见了燕青取出那火炭也似金子两块，放在面前，如何不动心。

这李妈妈爱财，看在金子的份上，忍不住对宋江作揖万福。说实话，这李妈妈不怎么看得上宋江。连李妈妈都看不上宋江，李师师能看得上宋江吗？宋江见李师师是为了打通关节，请李师师帮忙，与宋徽宗沟通。不过李师师是喜欢风雅的人，刚见面的时候，其实她有点看不上梁山来的这几个土财主，但是碍于妈妈的面子，既然已经收了钱，权且应付一下。

大家可以翻翻李师师的朋友圈，看看都是什么人。置顶的徽宗皇帝就甭说了；还有一个人叫周邦彦，大宋著名词人；还有一个人是秦观秦少游，这位是苏东坡的妹夫，北宋的大才子。由此可见，李师师身边，都是这种风雅之士。

宋江进屋了，李师师直接就来了一句雅的。李师师说："员外识荆之初，何故以厚礼见赐？却之不恭，受之太过。"你看，全是文雅之辞。宋江都傻了，这水平也太高了。宋江也拿出了一副谦谦君子的姿态说："山僻村野，绝无罕物。但送些小微物，表情而已，何劳花魁娘子致谢。"李师师让手下人准备好了丰盛的酒席，杯盘罗列。李师师亲自捧着酒盅，对宋江说："凤世有缘，今夕相遇二君。草草杯盘，以奉长者。"这话说得跟唱的一样好听，那真是明眸皓齿，婉转清扬，人如珠玉，语带花香。

宋江一看这是喝酒吗，都快成诗词大会了。宋江丢个眼色给旁边的燕青、柴进。接下来宋江就不说话了，主要的沟通交流，就变成了柴进和燕青的责任。所以《水浒传》说，但是李师师说些街市俊俏的话，皆是柴进回答。燕青立在边头，和哄取笑。

酒行数巡，宋江口滑，揎拳裸袖，点点指指，把出梁山泊手段来。柴进笑道："表兄从来酒后如此，娘子勿笑。"

正在这时，出事了。宋江俗吧，还有比宋江更俗的，这就是黑旋风李逵。小丫鬟慌慌张张进来禀报，说门口有个黄胡子、怪眼睛、相貌凶恶的人在那儿骂起来了。宋江一听就知道是李逵,怕他惹祸,赶紧说:"这是我带来的小厮,可以把他叫进来。"

李逵进来之后,李师师看了一眼,挡了挡嘴说:"这汉是谁,恰像土地庙里判官旁边立地的小鬼一样。"宋江干笑了一下:"这是家生的孩儿小李,他也姓李。"

李师师笑道:"我倒不打紧,辱没了太白学士。"这句话骂人骂得特别文雅。啥意思呢?说李逵都对不起他姓的这个姓。李师师我姓李,我多优雅美丽,太白学士姓李,人家多么风流潇洒。这货姓李,长得跟小鬼一样,还如此粗鲁无礼,所以是辱没了太白学士。

至此,我们能猜出李师师的态度,她就是看不上乡下的土财主。此时,迫切需要英雄团队当中有一个人站出来,展示一下品位,展示一下水平。宋代是一个拼才艺的时代,没有点诗词歌赋、文化墨水,还真不招人待见,所以要讲究文化修养、文艺才能。宋江不行,李逵、戴宗更不行。柴进修养可以,但是才艺也不太行。关键的时候谁来补这个台?那只有燕青。

燕青与他人不同,他是一个有才艺懂风雅会应酬的。《水浒传》对燕青的描述是这样的:六尺以上身材,二十四五年纪,三牙掩口细髯,十分腰细膀阔。戴一顶木瓜心攒顶头巾,穿一领银丝纱团领白衫,系一条蜘蛛斑红线压腰,着一双土黄皮油膀胖靴。脑后一对挨兽金环,护项一枚香罗手帕,腰间斜插名人扇,鬓畔常簪四季花。

这人是北京土居人氏,自小父母双亡,卢员外家中养的他大。为见他一身雪练也似白肉,卢俊义叫一个高手匠人与他刺了这一身遍体花绣,却似玉亭柱上铺着软翠。若赛锦体,由你是谁,都输与他。不则一身好花绣,那人更兼吹的、弹的、唱的、舞的,折白道字,顶真续麻,无有不能,无有不会。亦是说的诸路乡谈,省的诸行百艺的市语。更且一身本事,无人比的。拿着一张川弩,只用三枝短箭,郊外落生,并不放空,箭到物落,晚间入城,少杀也有百十个虫蚁。若赛锦标社,那里利物管取都是他的。亦且此人百伶百俐,道头知尾。

话说燕青,二十四五的年纪,仪表堂堂,大方得体,让人看着就舒服。现在是地产大王卢俊义的总经理,不仅看得懂《红楼梦》,还可以讲英语、法语、西班牙语,而且琴棋书画,样样精通,外加柔道和空手道黑带,平时喜欢去射击俱乐部,全国业余组第一名,闲来的燕青还喜欢玩两把,几乎没有输的时候,黑白两道都有朋友,十分吃得开,开得一手好车,明年还准备去参加汽车拉力赛。

众所周知,大明星李师师是亿万富豪赵公子的密友,她对记者说过,心中真正爱的人是燕青,最美的日子是同燕青在游艇的甲板上看烟花、看海上日出。

宋代从官方到民间,都喜欢有些文艺气息和个人才艺的人。偏偏梁山就缺这样的人,而燕青弥补了梁山团队的空白。《水浒传》描述燕青"更兼吹的、弹的、唱的、舞的,拆白道字,顶真续麻,无有不能,无有不会"。在这里,我给大家解释一下什么是"拆白道字""顶针续麻"。

(1) 拆白道字。拆白道字是古人的一种文字游戏,在宋元时期最流行。就是把一个字拆开,凑成一句诗词,并且保持意思的连贯,比如"白水泉边女子好,山石岩上日月明"。有个小故事,话说明人蒋焘,少时即能诗善对。一天,家中来了客人,此时窗外正下着小雨,客人想考考他,便出联曰:"冻雨洒窗,东两点,西三点。""冻"字拆开是"东两点","洒"字拆开是"西三点",对起来有一定难度。这时,只见蒋焘从屋中抱出一个大西瓜,切成两半,其中一半切了七刀,另一半切了八刀,对客人说:"请各位指教,我的下联对出来了。"蒋焘见客人纳闷,补充说,刚才对的是:"切瓜分客,上七刀,下八刀。"客人赞不绝口。"切"字拆开正好是"七"和"刀",而"分"字拆开是"八"和"刀"。

南朝时的江淹,是文学史上十分著名的人物。与他有关的妇孺皆知的成语就有两个:"梦笔生花"与"江郎才尽"。江淹年轻时家贫,才思敏捷。一次,一群文友在江边漫游,遇一蚕妇。当时有一文人即兴出联曰

"蚕为天下虫",将"蚕"拆为"天"和"虫",别出心裁,一时难倒众多才子。正巧一群鸿雁飞落江边,江淹灵感触发,对曰"鸿是江边鸟",将"鸿"拆为"江"和"鸟",与将"蚕"拆为"天"和"虫"有异曲同工之妙,不仅反应奇快,而且贴切巧妙,众人自然为之叹服。

(2)顶针续麻。这也是宋、元以来流行的一种文字游戏,即一人说一条成语或诗文,下一个人以其尾字为首字接着说,说不出者为负。这方面最著名的是苏轼的《走马赏花》诗:

赏花归去马如飞,去马如飞酒力微。

酒力微醒时已暮,醒时已暮赏花归。

《大学》有一句非常著名的话,用的也是顶针的修辞手法:"知止而后有定,定而后能静,静而后能安,安而后能虑,虑而后能得。"我曾见到朋友家的一把茶壶,上面也有一句顶针续麻的句子,五个字——可以清心也。这是一个特别棒的顶针续麻,文字回环。从"可"字开始,可以清心也;从"以"字开始,以清心也可;从"清"字开始,清心也可以;从"心"字开始,心也可以清;从"也"开始,也可以清心。无论从哪个字开始,都是一句话。

燕青能做到拆白道字、顶针续麻,说明他在文化上有积累、有功夫。燕青不光有武功,而且是文字高手,诗词歌赋信手拈来。这样的全方位技能在水泊梁山众英雄里是非常少见的。眼见这李师师瞧不起大家,关键时刻需要有人出来补台堵窟窿,燕青就亮了亮自身的才艺。所以元夜闹东京,不是李逵展示本事,完全是燕青展示才艺。燕青利用自己的专长,做了其他人做不到的事情,为梁山团队增光添彩,在外交上打开了局面。他不光打动了李师师,而且直接获得了徽宗皇帝的青睐。这个补台补得精彩,这个补位补得漂亮!

在燕青和李师师见面的过程中,《水浒传》有这样一段描述:

李师师道:"久闻的哥哥诸般乐艺,酒边闲听,愿闻也好。"燕青答道:"小人颇学的些本事,怎敢在娘子跟前卖弄过?"李师师道:"我便先吹一曲，教哥哥听。"便唤娅鬟取箫来。锦袋内擎出那管凤箫，李师师接来，口中轻轻吹动，端的是穿云裂石之声。燕青听了，喝采不已。李师师吹了一曲，递过箫来，与燕青道："哥哥也吹一曲与我听则个。"燕青却要那婆娘欢喜，只得把出本事来，接过箫，便呜呜咽咽也吹一曲。李师师听了，不住声喝采，说道："哥哥原来恁地吹的好箫！"李师师取过阮来，拨个小小的曲儿，教燕青听。果然是玉珮齐鸣，黄莺对啭，余韵悠扬。燕青拜谢道："小人也唱个曲儿伏侍娘子。"顿开喉咽便唱。端的是声清韵美，字正腔真。

李师师善吹凤箫，让小丫鬟拿出凤箫来就吹了一段。《水浒传》说，这李师师轻轻吹动，有穿云裂石之声，吹完之后请燕青也吹一曲。燕青也不推辞，他非要让李师师欢喜，所以就把好本事亮了出来。那一曲吹下来，呜咽咽，起落沉浮，抑扬顿挫，李师师大喜。

燕青文武兼备，既有文化修养又有文艺才能，因此获得了李师师的认可。也只有获得李师师的认可，才能抓住机会面见宋徽宗。水泊梁山一百零八条好汉，谁能单独见到皇帝？宋江没机会，大官人柴进也没机会，吴用、公孙胜，后面所有人都没有机会，只有燕青一人有这个机会。元宵节前后，燕青一共三见李师师：一见李师师，初次见面，蜻蜓点水；二见李师师，情况有变，及时撤退；元宵节前，宋江安排燕青第三次来见李师师。燕青直接提出了要见皇帝的要求，李师师当然满足了。月上东山之后，徽宗皇帝扮作白衣羽士，带了个小太监，来私会李师师。

李师师就跟皇帝推荐燕青，说："贱人有个姑舅兄弟，从小流落外方，今日才归。要见圣上，未敢擅便。乞取我王圣鉴。"皇帝看李师师是早也好、晚也好，上上下下哪儿都好，提的要求当然满足。皇帝笑眯眯地说："既然是你兄弟，便宣将来见寡人，有何妨。"

燕青先是吹箫，然后拨阮，紧跟着唱曲，徽宗皇帝龙颜大悦。接下来，燕青趁这个机会，就一五一十把梁山的情况，众好汉的诉求，高俅、童贯等人的谎报军情都说了个清清楚楚。到此为止，燕青凭借自己特殊的才华，把宋江的战略意图都实现了，而且不显山不露水。为什么燕青晋升得那么快？因为没有人替代。面见天子直接沟通这件事，宋江没有做成，柴进没有做成，其他人也无法做到，但是燕青做到了，而且做得十分精彩。燕青在大家都不擅长的领域，利用自己特殊的才能及时补台补位，发挥了精彩的作用。燕青确实是一位有特殊才华、特殊智慧、特殊机遇的特殊英雄。

在职场中，有些能力强的人在完成一项艰巨任务之后，往往会以功臣自居，心里不自然地滋生骄傲的情绪。这种心态如果把控不好，往往会让他们跌跟头，对自己、对单位都非常不利。在这方面，燕青做得就非常棒。出差东京，燕青漂亮地完成了宋江布置的任务，然而接下来有一个巨大的诱惑在等待着他。那么，面对这个常人难以拒绝的诱惑，燕青又会如何机智地处理呢？

方法三：专注认真尽职尽责，防止私人感情干扰工作

燕青的重头戏是和李师师打交道。由于燕青人品出众、才艺过人，前后一展示便令李师师为之倾倒。大宋第一美女李师师看上了燕青。

从元宵夜闹东京，一直到《水浒传》第八十一回面见道君皇帝，燕青察言观色的能力、八面玲珑的沟通、知人善任的洞察、当机立断的魄力、随机应变的心机，各个方面都表现得特别好。而且燕青又是"小鲜肉"，你说谁能不喜欢呢？他自然也得到了李师师的喜欢。不管让谁喜欢都是美好的，唯独让李师师喜欢，是一个烦恼。为什么是烦恼呢？

李师师见了燕青这般人物，有心看上他，所以酒席之间，就拿一些话来撩拨燕青。浪子燕青百伶百俐，自然晓得，不过装傻充愣，只作不知。

在吹拉弹唱、弹琴、吹箫、拨阮之后，李师师提了个要求："早听人说小乙哥满身花绣，给我看看吧。"燕青笑道："怎敢在娘子跟前掀衣裸体！"李师师定要看，燕青推辞不过，只好脱了衣服给李师师看。《水浒

传》写了一句特别暧昧的话，李师师看了十分欢喜，"把尖尖玉手、便摸他身上"。说这什么意思？燕青当然明白，情急之下，赶紧穿上衣服。随机应变啊，燕青灵机一动就想出一个策略，他问李师师："姐姐你今年多大年纪？"李师师说："我29岁。"燕青说："我25岁。你比我大几岁，不如我就认你做姐姐吧。"说完纳头便拜。施耐庵在这里，再次给燕青点赞，拜了李师师为姐姐，收住那妇人一点邪心，在中间里好干大事。燕青心如铁石，端的是好男子。

燕青与第一美女独处一室，依然能不为所动，这是因为燕青知道自己此行的任务是什么，要达到的目的是什么。李师师在燕青眼里是什么样呢？《水浒传》是这样说的："别是一般风韵。但见容貌似海棠滋晓露，腰肢如杨柳袅东风，浑如阆苑琼姬，绝胜桂宫仙姊。"燕青懂得欣赏李师师，同时也懂得自己的使命。李师师想跟燕青谈恋爱。燕青明白吗？明白。愿意吗？当然愿意。但能谈吗？不能谈。因为燕青有责任感，有任务在身上，大哥宋江让我来这儿见皇帝，谈大事，我还没等办妥呢，先跟漂亮小女孩谈情说爱了，这如何是好，对不起哥哥啊！而且这李师师是徽宗皇帝相中的人，跟她谈情说爱，徽宗皇帝打翻了醋坛子怎么办？皇帝一怒，杀人千里，梁山泊招安之事前功尽弃怎么办？因此，燕青是咬着后槽牙，装傻充愣。大家记住，好男儿不是不懂感情，而是能控制住感情，有情还要有义。用责任感控制住自己的私人感情，这才是大丈夫所为。

宋江安排燕青到东京是来谈工作的，不是来谈恋爱的。如果燕青在这里和李师师卿卿我我谈上了恋爱，把领导安排的任务抛在九霄云外，那他就不是英雄了。说到这儿，我要提醒很多刚入职场的年轻人：到什么山唱什么歌，是什么身份做什么事情，角色意识和场合意识是年轻人职场进步的关键。我们都应该学学燕青的清醒和定力。

很多人写诗称赞燕青，这里我也给他的职场经验做一个基本总结：给宋江打前站，提前穿针引线请出李师师，李逵闹起来以后又担负扫尾工作，独自留下来断后等待李逵，整个过程中保持了良好状态，展示了高超的沟通技巧。因此，我们描述燕青的职场技能第一句：跑前跑后巧沟通。

其实一开始，宋江安排上东京的人选里并没有燕青，后来临时补了一个名额，燕青就以一个小助理的身份和领导出差了。但是，燕青积极主动干工作、做贡献，没有人打前站他去打前站，没有人扫尾他去扫尾，没有人公关他就去公关，最后利用自己独特的才艺获得了李师师的认可，三见李师师，最终见到了徽宗皇帝也获得了皇帝的认可，完成了宋江交办的任务。这就是所谓多做事多长本事，多付出多抓机遇，多贡献多成长。因此，我们描述燕青职场技能第二句：补台补位堵窟窿。

最难得的是，燕青始终把工作责任放在第一位，面对自己喜欢的大美女李师师，能够控制住感情，不让私人感情影响工作，这是"公义私情能分清"。

总结一下，燕青这个职场新人"小鲜肉"为什么这么受欢迎，因为他能做到"跑前跑后巧沟通，补台补位堵窟窿；勤恳细心有胆识，公义私情能分清"。不过职场的规律是，重点任务显水平，日常工作树形象。燕青把日常工作做好了，大家对他都表示认可。但是，他还需要完成一件挑战性的任务，展示一下自己的超群武艺、过人能力。水泊梁山是一个好汉云集、英雄辈出的地方，在这样的地方，不展示一下自己的武功，光凭善于沟通、会察言观色，是无法脱颖而出的。燕青明白这一点，所以他给自己选了一个极具挑战性的任务，这一段就叫作"燕青打擂"。那么，燕青打擂打的是谁？面对高手，燕青使用了怎样的武功，最终胜败又如何呢？我们下一讲接着说。

第五讲
兄弟误会起风波

团队中的每个人都有可能受委屈，领导也不例外。如果管理者被误解，甚至受到下属的顶撞，那么究竟该怎样巧妙地化解矛盾，冷静处理呢？水泊梁山一直受人尊重的宋江宋公明，也遇到过这样的窝心事，受过这种窝囊气，而且还是他的铁杆儿"粉丝"黑旋风李逵带来的。在《水浒传》中，李逵一直对领导宋江忠心耿耿，从无二心，然而一次出差回来，他一反常态，大发脾气，严重地挑战了宋江的尊严和威信。那么，李逵究竟因为什么事情发怒？而受尽了委屈的宋江又如何智慧地化解这突如其来的冲突呢？

但凡养过猫狗的人都有一个感受，觉得猫跟狗是一对冤家，只要它们在一起，保准就剑拔弩张、冲突不断，即便是从小生活在同一个屋檐下也很难融洽相处。为什么猫和狗这么容易起冲突呢？有人做了专门研究，发现根本原因是：猫狗经常会闹误会，一方善意的举动经常被误解为恶意。比如，一只猫咪竖起尾巴时表示友好，而一只狗竖起尾巴，则表明它正充满敌意；狗伸出了一只前爪并起劲地摇动尾巴，它的意思是"跟我玩儿吧"，可在猫的语言中，伸出爪子摇动尾巴的意思是"走开，小心我用爪子抓你"；猫主动表达舒适会发出"呼噜噜"的声音，但对狗来说，这是一种威胁性语言，等于"别来惹我，否则我就咬你"。一连串的误会使得猫和狗之间会不可避免地爆发冲突。动物和动物会闹误会，人跟人也会闹误会，而且人类的误会，往往是更加复杂、更加激烈的。

水泊梁山是一个多元化团队，人员来自五湖四海、各行各业，大家职业背景不同，性格经历不同，文化价值观不同，很多英雄好汉都是脾气急、性子猛，闹误会、闹纠纷的情况不可避免，往往这个误会就发生在亲密战友之间。在这一讲中，我们要讲一个水泊梁山自成立以来爆发的最大、最激烈的误会。

细节故事：黑旋风砍大旗

上一讲我们讲道，宋江带着柴进、燕青、李逵等人来到东京汴梁，一来是要看看元宵花灯，二来是要会一会李师师，打通关系，争取见见宋徽宗。但在李师师的家里，李逵就发起飙来，把宋徽宗的贴身官员给打了，又放起一把火，烧了房子。结果一下惊动了巡街的官军，那东京汴梁都是正规军，铺天盖地围上来。危急时刻，宋江身边有好汉行者武松、花和尚鲁智深、九纹龙史进、没遮拦穆宏，四条好汉保定宋江，一路打出城来。宋江在出城之前单独留燕青在客店里接应李逵。城外早有吴用派来的五虎大将关胜、林冲等人带着三千精锐骑兵，众人簇拥宋江快马加鞭脱离了险境。不过回山之后，宋江这心就放不下了，惦记燕青和李逵啊！这两个人人单势孤没有接应，能不能从重兵把守的京城里脱身还是个未知数。那个年代没有发达的通信手段，不像现在，打打电话或发发微信就行了，宋江等人能做的只有一件事，在没有任何消息的情况下瞪着眼睛干等，这滋味实在是太煎熬了。就这样一连过了五天，这一天终于有了消息。宋江正在屋里来回溜达，忽然，小喽啰来报燕青、李逵回山寨了。宋江大喜，连忙出门相迎。

远远见到一黑一白，这两个英雄从山下走来。李逵在前，燕青在后，两个人一边走一边在争论着什么事。宋江迎着两个人就大喊了一声:"你兄弟二人为何如此迟慢啊?"所有人都没想到,李逵做出了惊人的举动。《水浒传》的原文是这么写的:"李逵那里应答,睁圆怪眼,拔出大斧,先砍倒了杏黄旗,把'替天行道'四个字扯做粉碎。"众人吃惊,宋江喝道:"黑厮又做甚么?"李逵也不说话,瞪着眼睛,咬着牙,拎着斧子就抢上堂来,居然要砍宋江。大家都觉得李逵杀神附体了,他怎么要砍宋江呢?初看《水浒传》的人,对这一段也很震惊,实际上,这里边是有缘由的。李逵跟宋江闹了一个大误会。

话说燕青接应李逵,二人从东京脱身出来,为了躲避官军的追捕,没有走大路,绕了个大弯,走小路回水泊梁山。他俩路过了一个小村庄,叫作刘家村。

庄主刘太公对二人很热情。稍微吃了点东西,李逵和燕青早都累了,兄弟二人躺在床上倒头便睡。结果半夜就听到呜呜的哭声,原来是庄主刘太公两口子在哭。李逵这人最受不得别人哭,他跟燕青商量:"小乙哥,我们吃他一顿饭,睡他一宿觉,他至于心疼成这样吗,哭个什么?"燕青说:"此中定有原因,明天我们问一问。"

第二天早晨,李逵要来问,燕青按住了:"铁牛你不会说话,我来问。"燕青就问刘太公:"半夜里你们老两口哭什么?"一句话勾起伤心事,刘太公眼圈红了,他说出了一件令人震惊的事情:"我们这个村庄离梁山很近,前几天,梁山头领宋公明带了一个后生到我庄上来。我寻思着他是替天行道的好汉,就摆了一桌酒宴招待他。酒席间,我就把18岁的女儿叫出来,给宋头领倒酒。结果好汉就看上我的女儿了,当夜就把她抢走了。"

老太公说到这儿,李逵"嗷"的一声就蹦起来了,说没想到宋公明是这等人。燕青一把就按住李逵:"铁牛休要急躁,俺哥哥不是这般人,这世界上冒名顶替的人很多。"

李逵偏是不信,拎着大斧子打上山来,先砍旗,后砍人,要取宋江性命,为刘太公讨回公道。不过李逵这一次还真的是冤枉宋江了,这个误会闹得还挺大。不过有点误会就动刀、动斧子,以命相拼还真的是严重问题。所以李逵的问题,并不是误会宋江的问题,而是误会发生时没有正确表达出来。有误会正常,通过抡斧子乱砍来表达就不正常了。

在水浒故事中,李逵、宋江是生死兄弟,二人之间居然发生了这么大的误会。这里固然有李逵性格暴躁的原因,但也有宋江平时跟兄弟们打交道的时候沟通不到位的原因。人和人之间有三种沟通层面:

第一种,感情层面,基于感情交流;

第二种,利益层面,基于利益交换;

第三种,价值观层面,基于价值观认同。

宋江平日里在跟李逵打交道的过程中问寒问暖、关心起居、送钱送物、感情交流和利益交换方面做得都很好,但是忽略了一件事,就是很少进行价值观层面的沟通。因此,李逵对宋江只有感情和利益层面的信任,没有价值观上的信任。

智慧箴言

实际上,价值观上的信任才是人和人之间最重要的信任,缺乏价值观信任的人相互之间非常容易在重大问题上产生误会和摩擦。

这是李逵砍大旗背后真正的原因所在。

著名的误会

中国古代最著名的误会之一,是发生在孔子和他的弟子颜回之间。《吕氏春秋》记载:孔子穷乎陈蔡之间,藜羹不斟,七日不尝粒,昼寝。颜回索米,得而爨之,几熟。孔子望见颜回攫其甑中而食之,孔子佯为不见之。选间,食熟,谒孔子而进食。孔子起曰:"今者梦见先君,食洁而后馈。"颜回对曰:"不可。向者煤炱入甑中,弃食不祥,回攫而饭之。"孔子叹曰:"所信者目也,而目犹不可信;所恃者心也,而心犹不足恃。弟子记之,知人固不易矣。"

孔子周游列国,在陈国和蔡国之间的某个地方受困,断粮七天,体力不支。幸好颜回讨来一些米,回来就生火做饭。米快要熟的时候,孔子发现颜回偷偷用手抓锅里的饭吃。一会儿,饭熟了,颜回请孔子吃饭。孔子想借机会教育颜回一下,所以老夫子说:"我刚才做了一个梦,梦见了先父。这饭很干净,我用它祭祀一下先人再吃吧。"大家都知道,祭祀可是大事情,使用手抓过弄脏的饭祭奠,那是对先人的不敬。颜回急了,连忙回答说:"不行啊,使不得!这饭被我用手抓着吃过了,弄脏了,不能敬祖了。"

孔子暗自点头,犯了错误勇于承认,过而改之,善莫大焉。孔子正要表扬颜回承认错误的勇气,没想到,颜回说了几句话,让在场所有人都特别意外。颜回说:"老师,都怪我,我没有蒸饭经验,这个厨房年久失修,天花板上全是灰土,饭熟了一揭锅蒸汽往上走,把天花板上的灰土全扑下来了,饭的表面全是灰。米来之不易啊,扔了可惜,我就蹲那儿把脏了的米饭都抓起来吃了。这样老师和别的同学就可以吃干净的饭了。"

颜回说完后,孔子仰天长叹:"世界上最难的事就是看人,人在做事情的时候,常常相信自己的眼睛,但亲眼看到的仍不一定可信;人在做判断的时候,往往依靠自己的心,可是自己的心有时也靠不住。了解一个人是多么不容易呀!"这就是中国古代关于误会的一个著名的故事。

这个故事告诉我们，察人不易，耳听是虚，眼见也未必为实；即使看到的是事实，也未必了解事件的背景。更何况我们平常所接收到的信息多数是被加工处理过的，连"眼见"也算不上。处理这样的信息一定要慎重，防止误听、误信、误判。

在现实生活中，我们经常会接触到很多道听途说的信息，尤其是在网上，每天都有大量的信息在微信群、朋友圈里传播，而且很多是负面的、抹黑的。如何处理这种信息，孔子给了我们树立了很好的榜样——一定要注意调查研究，注意和当事人沟通确认，千万不要主观武断轻易下结论。

李逵道听途说，主观武断下结论，先砍倒了杏黄旗，把"替天行道"四个字扯个粉碎，随后抢上堂来，要砍宋江，险些酿成大祸。

在团队里，常常有一些有能力、有个性、脾气急躁的员工，一有点风吹草动，他们往往就会沉不住气，不分青红皂白地发起脾气来。李逵如同一头发怒的蛮牛，没有理性，不听劝告。他的暴躁举动破坏了团结，甚至威胁到团队领导的个人安全。宋江作为梁山的带头人，在对李逵砍旗这件事的处理上，又将展现出怎样的智慧呢？

李逵这个人，脾气急、性子猛，误听误信了这个信息，所以就误会了宋江，抢着板斧就要来砍人。拿现代人的眼光来看，李逵就是一个当众闹事的员工。如果你是领导的话，面对这种当众闹事的员工，你会用什么办法管理他呢？

这种闹事员工就好比一头野牛，不听劝阻，不听引导，四处乱冲乱撞。对付这种蛮牛，宋江是非常有办法的。而且在这个过程当中，燕青发挥了至关重要的作用。我们把管控李逵的办法，总结成以下三条。

办法一：避牛策略，控制场面，避免激烈的正面冲突

李逵抢着板斧，抢上堂来直奔宋江，那还能让他沾上宋江？正堂之上

有五虎大将，大刀关胜、豹子头林冲、霹雳火秦明、双鞭呼延灼，还有双枪将董平。这五虎大将呼啦一下冲上来，按住李逵，抢下板斧，揪下堂来。

宋江大怒，喝道："你这黑厮又来作怪，你且说说我有何过失？"李逵气得哆哆嗦嗦，已经说不出话了。这边燕青忙走上前，把事情的来龙去脉如实地向宋江禀报了一遍。宋江气得一跺脚："铁牛，你说我是那种人吗？你从哪里听说的？怎么不说？"李逵道："我平常把你当作好汉，你原来却是畜生，做得这等好事！我当初敬你是个好汉，你却原来是酒色之徒：杀了阎婆惜，便是小样；去东京养李师师，便是大样。你现在又做抢人家闺女的事。你不要赖，早早把人家闺女送回刘家庄，这事倒有个商量。你若不把女儿还他，我早做早杀了你，晚做晚杀了你。"

面对李逵的野蛮和凶狠，宋江并没有激动，一没拍桌子，二没瞪眼睛，三没骂娘，他很温和地跟李逵讲道理。

（1）宋江喝道："你且听我说：我和三二千军马回来，两匹马落路时，须瞒不得众人。"宋江的意思是，铁牛你想想，回山的时候，你这五位哥哥带着三千铁甲军，跟着我一起回山，那边还有鲁智深和武松，兄弟们都看着呢。众目睽睽之下，我如何去抢人家闺女？

（2）若抢得一个妇人，必然在山寨里！铁牛你可以去我房里搜，一个大活人，我藏在哪儿？

李逵哪里肯相信宋江，李逵道："哥哥，你少说这种闲话！当我是小孩子啊，山寨里都是你的手下，袒护你的人多得很，哪里藏不了一个人？"

李逵意思很清楚，姓宋的你不要找理由糊弄我，满山寨都是你的人，有人怕你，有人服你，有人拍你马屁，你要藏个人还不容易。我不找，就是你抢的。

话说到这个份儿上，李逵的脏话就骂起来了，但宋江依然不生气。

说到这里，我给大家推荐一个策略，叫大锤砸棉花。当亲人朋友之间产生冲突的时候，我们该怎样应对呢？运用这个大锤砸棉花的策略效果会很好。大锤砸东西，如果砸的是棉花，锤子硬，棉花软，砸完之后双方都不受伤害；如果大锤砸铁块、砸砖头，双方都硬，"当"的一下，两败俱伤。

处理冲突的时候要内外有别，在亲人、朋友之间起冲突的时候，可以及时运用这种大锤砸棉花策略。对方若是很强硬，你就适当示弱，为彼此留有空间和余地，千万不要针锋相对。都是一家人，万一出了伤害，将来悔之晚矣。面对李逵的蛮横无理，宋江很温和，并没有和李逵计较，始终坚持不管你怎么拍桌子瞪眼睛，我都不跟你针锋相对。面对过火的行为，不宜有过火的反应，火上浇油肯定不行。

因为一些道听途说，无凭无据就要杀自己的大哥，李逵这个鲁莽暴躁的脾气也真够过分的。人和人之间，难免闹点误会，闹误会很正常，但是动不动就抢斧子拼命，这就不正常了。有一篇赞李逵闹事的诗：

> 梁山泊里无奸佞，忠义堂前有诤臣。
> 留得李逵双斧在，世间直气尚能伸。

我也写了一个反思李逵行为的顺口溜：

> 李逵李逵脾气大，砍旗砍人不像话；
> 从来正人先正己，有理也要讲方法。

其实，李逵是一个反面教材，值得我们很多人反思。一个年轻人脾气暴躁除了遗传原因，最主要的原因就是社会环境和家庭环境。

从社会因素来说，李逵以前是个牢头，生活圈子里接触到的人基本上都是性格蛮横、不讲道理且能下狠手的人。从家庭因素来考虑，李逵自幼缺乏家庭的温暖，尤其是缺乏父爱。因此，李逵有着强烈的不安全感，控制脾气的能力也比较弱。

我们特别强调，家庭因素对于一个孩子性格的形成、人格的形成有着重要作用。一般来说，良好的沟通、温暖的环境、互相尊重的氛围，对于孩子脾气的形成、人格的形成、社会技能的形成具有至关重要的作用。一个人社会技能的提升，与温暖的家庭环境和和谐的家庭氛围有很大的关系。另外，在情绪控制力的形成过程中，父亲的角色十分关键。父亲是孩子生活中的第一个陌生人，他对孩子社会技能的影响起着关键作用。从李逵到吕布，再到《士兵突击》里的许三多，这些人或硬或软的毛病，都是由跟父亲的沟通存在一定的问题导致的。

另一个原因是，李逵缺乏温暖的家庭环境，特别是缺乏父爱。这些因素导致了李逵社会技能低，缺乏足够的安全感，也没有受过良好的行为训练。一般孩子都会经历一个叛逆期，在这个阶段，小孩子喜欢用激烈的言语和身体动作来表达自己的情绪与意愿。面对这样的孩子，不能着急，不要急于求成，通过必要的疏导、提醒、关怀，他就能慢慢地培养出情绪控制力，顺利度过叛逆期。如果家庭关系冷淡疏离，父母对孩子关心不够、沟通不够，管理方式粗暴，叛逆期会延续下去，这个孩子将来很有可能成为一个性格粗暴的人。实际上，很多脾气大的人，他们的另一面都是没长大的孩子，他们在用自己的方式呼唤着童年曾经缺失的关心和关注。李逵就是这样的典型例子。这样的故事在我们身边时有发生。如果我们给这些故事起个名字，基本上都是"妈妈再爱我一次"或者"爸爸再爱我多一点"。

面对李逵这个暴躁的员工，宋江实在左右为难：要是采用强硬的手段加以惩戒，无疑会给众兄弟带来心胸狭隘的不良印象，终究难以服众；可是一味地放纵他吧，自己的脸面和威信又会荡然无存。那么，面对这个棘手的问题，宋江会想出什么好的处理办法呢？

办法二：拴牛策略，稳住本人，以双方接受的方式查明真相

避牛策略发挥作用之后，第二个办法就是拴牛了。避牛是避免和对方发生正面冲突，始终保持冷静和理性来解决问题。而拴牛就是提出一个双方都能接受的解决方案，以规范对方的行为，不让他蛮干胡来瞎折腾。一旦李逵拍桌子、瞪眼睛，要跟宋江玩命了，仅仅控制场面还不够，还得有第二个方法，这个方法叫拴牛策略，也就是稳住对方，以双方能接受的方

式来查明真相。注意，必须用双方都接受的方式查明真相，不能是单方的，牛不喝水强按头是不行的。

宋江叹口气："你这黑厮，我不跟你较真儿，你现在正是犯浑的时候，我也没有必要跟你讲理。"我们有时在马路上会看到这种情况：有些人就跟那个喝醉酒的人讲理。天子尚且避醉汉，何况普通人？他都喝醉酒了，发飙了，你还跟他讲理，不可能讲清楚啊！宋江也不跟李逵讲理，他说："你且不要闹嚷，刘家庄的刘太公不死，庄客们都在，咱们去刘家庄对质，让他们认一认抢这女孩的到底是不是我。这一对质不就明白了？"

李逵说："好，我不怕你对质。"宋江说："如果是我的话，铁牛你一斧子砍死我，我没有怨言。我且问你，如果不是我怎么办？"李逵说："要不是你的话，你把我脑袋砍下来，我没有怨言。"

宋江说："好，众家兄弟做证。来人，立军令状。"

一说来人，人群中走出了一个黑脸的好汉，唤作铁面孔目裴宣。裴宣在水泊梁山扮演着至关重要的角色，那就是一个黑包拯啊！裴宣当场写了军令状，两个人签字画押。裴宣把宋江这一份交给李逵，把李逵这一份交给宋江，立刻安排人手去刘家庄对质。

我们来看看李逵处理误会的方法，再看看宋江的方法。李逵的方法是拍桌子、瞪眼睛，抡斧子砍旗、砍人，完全是蛮横不讲理的。宋江的处理方法是公开、公正、平等对待，咱们按照制度流程来。这两件事一比，你就能比出两个人境界的差距。所以，我们中国人有一句话：没有规矩不成方圆，做事最重要的就是先立规矩。不管有什么事，咱们都得按照规矩办，就算是有意见、有误会，咱们也得按照制度和流程来处理，没有任何一个人可以生活在制度之外。

出发之前，李逵又道："这后生不是别人，只是柴进。"柴进道："我便同去。"李逵道："不怕你不来。若到那里对番了之时，不怕你柴大官人，是米大官人，也吃我几斧！"……柴进道："这个不妨。你先去那里等，我们前去时，又怕有蹊跷。"李逵道："正是。"便唤了燕青："俺两个依前先去。他若不来，便是心虚。回来罢休不得！"

燕青与李逵再到刘太公庄上。太公问道："好汉，事情进展如何？"李逵道："如今我把那宋江喊来，你和太婆并庄客都仔细指认，只管实说，不要怕他。我替你做主。"刘太公千恩万谢。

说话之间有人来报，说庄外来了几十匹马。李逵一听："哈，带不少帮手啊？那我也不怕。"李逵出庄说："哥哥，你带这么多人怎么说？"宋江乐了，你看这黑厮还挺有心计。宋江跟旁边人说："你们都在庄外，不要进庄。"

宋江进庄来，在草厅之上迎面坐定了。李逵大斧子左手一个右手一个，站到宋江旁边。李逵那意思就是，一会儿认准了不怕你跑，咔嚓一斧子，当场就砍。宋江瞅着他是又好气又好笑。李逵说："刘太公，你出来认啊。"宋江笑眯眯地瞅着刘太公："你来认一认，我是不是那天晚上抢你女儿的那个人？"刘太公瞅了瞅说："不是！"李逵说："你好好认。"刘太公说："好好认也不是。"宋江说："铁牛，他说不是。"李逵说："你拿眼睛瞪他，你威胁他，所以他不敢认。"宋江说："庄上有那么多庄客，你都叫来，让他们一起认。"李逵说："好！"

众庄客百十号人站了一院子，个个都说不是。这回李逵有点傻了。宋江站起来瞅了一眼李逵没说话，先安慰刘太公："一定是有人冒名顶替抢了你闺女，要有丝毫消息，你来报给我，我一定组织人去救你的女儿。你不要着急，咱们梁山救人有办法。"

说完之后，回过头来看着李逵，宋江说了一句特别深刻、特别到位的话："这里不和你说话，你回寨里自有辩理。"本来宋江挺委屈的，被李逵挤对成这样，要是一般人早当场发飙了，宋江没有这样做。这个策略叫内外有别：自己人闹冲突、闹误会，不能当着外人的面爆发出来，有什么话回家关起门来再说。

内外有别的策略非常重要。俗话说家丑不可外扬，不在外人面前公开内部矛盾，有什么话等回到山寨再说。如果在外人面前争吵起来，搞得面红耳赤、大呼小叫、互相揭老底,会严重影响梁山形象。

误会解除、真相大白,原本应该皆大欢喜的时刻,却出现了一个新的问题。宋江证明了自己的清白,可李逵此时却"理亏",陷入了极其尴尬的境地。在现代职场中,这种情况也时有发生。面对曾经误会自己的员工,领导们该如何既保全员工的面子,又重塑自己的威信,达到警示他人的目的呢?

办法三:牵牛策略,合理引导,促使对方承认错误并做出自我承诺

宋江带着柴进转身就走了。李逵有点傻,往那儿一站,斧子扔到地上,一边搓手一边瞅燕青。李逵现在的心情就剩下俩字——呵呵。燕青问李逵:"铁牛,你说怎么办?"李逵咬了咬牙说:"只怪俺脾气太急,一时鲁莽犯了错误。既然立了军令状,输了这颗头,我自一刀割下来,麻烦小乙哥把这脑袋拿上山去交给大哥就是了。"

李逵有的时候也挺憨直可爱的,犯错误能承认,不躲事,有担当。

不怕犯错误,就怕没担当。没担当的人,一点小错不肯承认,还要想方设法撒谎去掩盖。可是,一个谎言要用一百个谎言来堵窟窿,使得谎言成倍地增加。李逵不是这种人。

燕青笑了:"如何动不动就要割脑袋,这事到不了割脑袋的程度。铁牛,我教给你一个方法,叫作负荆请罪,这事就能过去。你脱光膀子,拿麻绳把自己捆上,背一个荆杖,到山寨之上,扑通跪下,叫一声哥哥,说我错了,你就狠狠打我一顿吧。这样这事就过去了。"李逵说:"真有效?"燕青说:"真有效!"李逵说:"好是好,就是有点惶恐,不如割了脑袋痛快。"燕青道:"山寨里都是你兄弟,何人笑你?"李逵无可奈何,只得同燕青回寨来负荆请罪。李逵的另一面就是一个没有长大的孩子,他认为燕青说的这方法挺好,可是有点丢人,怕兄弟们笑话。燕青安慰李逵:"铁牛,都是自家兄弟,哪有什么惶恐不惶恐的?我们不嘲笑你。"燕

青这个人特别机灵，他准确把握了宋江的四个心思。

宋江的第一个心思是不想杀李逵。宋江绝没有杀李逵的心思，但是有点担心李逵这人会冲动犯错，所以宋江特意安排燕青陪着李逵，关键时刻引导一下，别让他一冲动砍了自己。

宋江的第二个心思是教育本人，借这个机会好好教育李逵，让他以后收敛点、管着点自己，别太冲动了，冲动是魔鬼。

宋江的第三个心思是警示众头领，想借助这件事，顺道教育梁山其他人，以后别学李逵这样——有点不痛快，张嘴就说，举手就砸，这是不对的。

宋江的第四个心思是保全自己的威信，以后绝不能再有任何人这样质疑自己。

宋江的这些心思他自己不能说，必须有一个人理解宋江，替宋江办事，这个人就是燕青。燕青机灵有悟性，宋江这点心思他都理解。此时此刻，就需要燕青来引导李逵负荆请罪，当众承认错误。这是宋江最希望李逵做的，也是李逵最应该做的。

负荆请罪的故事，大家都耳熟能详，当年廉颇用这个方法向蔺相如请罪，被传为美谈佳话。负荆请罪的本质就是犯错误的人当众说一声"我错了"，承诺一定改，这事就过去了。

为什么当众认错效果好呢？社会心理学家做过一个实验，证明了当众承诺的威力。实验内容是三组学生同时做一件事，估算一个线段有多长。甲组学生必须把他们的估算写在题板上公之于众，在旁边写上自己的名字；乙组学生估算完之后，要私下把这个估算结果写在题板上，不必让别人看到；丙组学生根本不用写，只要把自己的估算藏在脑子里就可以了。

实际上这三组学生分别做了三个不同承诺：甲组是公开承诺，乙组是私下承诺，而丙组是无承诺。接下来我们想要知道的是，在这三组学生中，哪一组会更加忠于自己的承诺。

在三组学生都做完判断之后，实验者出面给出了可靠的证据证明学生们最初的估计是错误的，建议他们修改自己的判断。结果，无承诺组的学生很快就修改了自己的判断；私下承诺组的学生很犹豫，左右为难；而公开承诺组的学生则坚定地拒绝了更改的建议。他们选择坚持最初的选择，公开承诺已经把他们变成了忠于自己观点的人。

这个实验给我们展示了一个基本规律：公开承诺对保持一个人行为的前后一致是非常有效的，有了优点公开表扬，这些优点就会继续保持下去；有了缺点当众认错承诺改变，缺点就更容易得到修正。总结会、表彰会、誓师大会，可以当众宣誓、当众表决心、公开进行自我批评，这些都是非常有效的管理方法。当众承诺，威力无穷。

却说宋江、柴进先回到忠义堂上，正和兄弟们说李逵的事。只见黑旋风脱得赤条条的，背上背着一把荆杖，扑通一声跪到宋江面前，那个潜台词就是"哥哥我错了，你狠狠地打我吧"。到此处，《水浒传》写了颇有奥妙的四个字——"宋江笑道"。注意，李逵前前后后抡着斧子，要跟宋江玩命，宋江都没当回事。宋江笑着跟李逵说话，这一个"笑"字体现了宋江的胸怀。水泊梁山一把手会跟一个不懂事的孩子一般见识吗？肯定不会。大人不记小人过，宰相肚里能撑船。先有宽度，后有高度，一个带队伍的管理者必须有点胸怀。宋江始终没跟李逵一般见识，笑道："你这黑厮，怎么负荆？这样我就饶了你不成？"李逵说："哥哥，你要不饶也可以，这颗黑头就在我的项上，你不如割了去。"燕青那边拿眼神看众家兄弟。俗话说，打架要有观众，拉架要有提醒，鼓掌得有人带头，这是基本规则。燕青的眼神意思就是："兄弟们，上来求情啊！"众人呼啦啦跪倒一大片，大家齐声说："哥哥，我等替李逵求情。这黑厮不懂事，你就饶了他吧。"

宋江点头："你等众家兄弟求情，我也愿意饶他。但是，饶他可以，他得做一件事，找到冒名顶替那个人，救出刘太公的女儿。"说罢回头问李逵："你可愿意去？"李逵点头。

智慧箴言

教育犯错误的人，一定要既批评缺点，又指明出路，不给出路的批评教育都是无效的批评教育。

宋江就给李逵指明了出路，把冒名顶替的人抓来，把刘太公女儿救出来就算将功折罪。这时候，宋江再一次让燕青发挥了积极作用，说："小乙，你陪他一起走一趟。"宋江的意思就是，李逵这个人四肢发达、头脑简单，你要让他去找那几个贼，扮演福尔摩斯去追查罪犯的踪迹，肯定是白费工夫，他根本做不到。所以，宋江特意派机灵的燕青跟李逵一起去寻那几个贼人。在李逵砍旗事件的整个处理过程中，宋江跟燕青配合得特别好。为什么燕青那么受宋江的喜爱？很简单，哪个领导不喜欢机灵的下属？悟性好，反应快，给个眼神就都明白了，这是燕青的难得之处。

这事还真挺不好办，燕青跟着李逵连着找了好几天，没有任何线索。后来燕青就想到，天上飞的鸟它就认识鸟，山上跑的兽它就认识兽，江湖上的贼他就认识贼，只有贼了解贼。他们要抓那两个贼人，必须找人打探消息。这天晚上，李逵跟燕青就抓住了一个劫道的小贼，从这个小贼的嘴里得到一个重要信息：离此地不远有一座牛头山，山上有两个贼人唤作王江、董海。这两个人打家劫舍，尽做坑老百姓的事，估计这事是他们干的。李逵和燕青趁着夜色走过十五里来到牛头山。山不高，样子还真像一头卧牛，山顶上有几排草房子，周围是土墙。李逵道："我与你先跳进去。"燕青道："等天明再理会。"李逵哪里忍耐得住，大吼一声跳进院中。

门开处，早闪出一个贼人，挺朴刀来战李逵。燕青潜身暗行，悄悄走上去，一棒将这个贼人打入李逵的怀中。李逵手起斧落，将这贼人就给砍了。砍完之后，整个院子鸦雀无声。李逵说："莫非这只有一个贼人？"燕青多机灵啊，他说："不好，一定有后门，你在这儿把守，我过去堵后门。"燕青悄悄地潜到后边，果然看到有个贼人正在那儿开门。燕青大喝一声，吓得这贼人转身往前跑，迎面正碰上李逵。李逵二话不说，咔嚓一斧子，又把他给砍了。

李逵性起，冲进屋去。几个同伙躲在灶前，被李逵赶去，一斧一个，都杀了。来到房中看时，见一个漂亮女孩儿在床上呜呜地啼哭。燕青问道："你莫不是刘太公女儿？"那女子答道："奴家正是刘太公女儿。十数日之前，被这两个贼掳在这里，今日得将军搭救，便是重生父母，再养爹娘。"燕青道："他那两匹马在何处？"女子道："在东边房内。"

燕青便来收拾房中积攒下的黄白之资，有三五千两。燕青叫那女子上了马，将金银包和贼人的人头都拴在另一匹马上。李逵点起火，一把火烧了贼窝。两个人步行护送女子下山，直到刘太公庄上。

爹娘见了女子，十分欢喜，烦恼都没了，都来拜谢燕青、李逵。燕青道："你不要谢我两个，来日你来寨里拜谢俺哥哥宋公明吧。"大家注意，燕青在这里说的这句话很关键。

智慧箴言

在工作任务完成以后，面对来自大家的赞美，宣传自己的上级，而不是突出自己，这既是一种大气，也是一种高明。

当下，燕青、李逵辞别刘太公，酒食都不肯吃，一人骑了一匹马，回到寨中，驮着金银，提了人头，径到忠义堂上拜见宋江。燕青将前事一一说了。宋江大喜，叫把人头埋了，金银收拾库中，马放去战马群内喂养。次日，设宴与燕青、李逵作贺。刘太公也收拾金银上山来到忠义堂上，拜谢宋江。宋江哪里肯受，给了酒饭，叫送下山回庄去了。梁山泊自此无话。大家注意《水浒传》的写法"梁山泊自此无话"，意思就是说，从此以后，再没有人做出格的事，再没有人来误会宋江了。

斗转星移，转眼就到了三月，草长莺飞，桃红柳绿，碧水生波，山前花山后树俱发萌芽，一派春天美景。这一天，宋江和燕青等头领正坐闲谈。只见巡山小喽啰送一伙人上来，都是来自陕西凤翔府的香客，说是要赶三月二十八庙会，去泰安给岱岳庙上香。众好汉从这些人的口中得到一个大消息，泰安立了一个神州擂，这个擂官是太原府人士，名叫任原，外号擎天柱，身高过丈，力大无穷，武艺高强，连续两年打遍天下无敌手。这个擎天柱口出狂言，说道："相扑世间无对手，争交天下我为魁。"

众香客都说："小人等去泰安赶庙会，一为烧香，二为看任原本事，三来也要偷学他几路好棒法。"宋江听了，便吩咐手下小校："速速送众香客下山去，分毫不得侵犯。今后遇有往来烧香的人，不要惊吓他，由他过往。"

香客们拜谢下山去了。只见燕青起身禀复宋江，提出了一个大胆的请求，要去神州擂会一会号称打遍天下无敌手的擎天柱。这就引出了《水浒传》著名的精彩故事"燕青打擂"。用《水浒传》的话说，那真是"哄动了泰安州，大闹了祥符县。正是：东岳庙中双虎斗，嘉宁殿上二龙争。"究竟燕青打擂胜负如何，他能不能顺利打败擎天柱？我们下一讲接着说。

第六讲
小人物的大舞台

燕青刚加入梁山的时候，身份比较尴尬，他只是卢俊义的一个小跟班，论资历，无法跟吴用、阮氏兄弟相提并论，论武功也不如林冲、鲁智深等一干大将。然而，就是这样一个缺乏人脉、人微言轻的小人物，却在短短时间里，不仅受到了梁山众兄弟的喜欢，也深得大头领宋江的信任，常常被委以重任，在水泊梁山的大舞台上扮演着越来越重要的角色。那么，燕青究竟有何过人之处呢？通过对他为人处世的分析，我们又能得到怎样的智慧启发呢？

一般来说，一个团队里的骨干有三种类型：第一种是态度导向型，埋头苦干，任劳任怨，这种是老黄牛型；第二种是能力导向型，能力突出，脱颖而出，这种是千里马型；第三种是能力态度都不错、忠于职守、专业精通、令人信赖的猎犬型。浪子燕青上了梁山以后，给自己的定位就是第三种类型，既要展示能力，也要展示态度。

前面我们讲了，一个人即便把日常工作干得特别漂亮，大家在心里也不一定认可你的能力。要想展示能力，就必须找机会去承担挑战性的任务。因此，展示态度要在平常，展示能力要抓不平常。

水泊梁山是个英雄团队，这里是好汉扎堆的地方，英雄好汉评判标准只有一条，就是武功如何。前边我们讲的燕青身上的这些能力，什么吹弹唱舞、拆白道字，什么顶针续麻、诗词歌赋，在英雄好汉的眼中都是联欢会上的小把戏，根本不算真本事。燕青要想在梁山站稳脚跟，必须拿出真本事才行。燕青不是一般人，这个小帅哥身上有五大绝技，其中有两个是和武艺有关的。《水浒传》中首先给我们展示了燕青的射箭绝技。

细节故事：燕青五绝

宋江和卢俊义分兵攻打东平府和东昌府。

宋江带了一万大军、二十五个头领，三下五除二就拿下了东平府，而且收了好汉双枪将董平。

这边大军正要回山寨，路上碰到了白日鼠白胜。白胜向宋江汇报，卢俊义那边打得不顺利，连吃了两场败仗。

东昌府主将姓张，名清，原是彰德府人，虎骑出身，善用飞石打人，百发百中，人呼"没羽箭"。手下两员副将，一个是"花项虎"龚旺，身上刺着虎斑，项上吞着虎头，马上会使飞枪；另一个是"中箭虎"丁得孙，面颊连项都有疤痕，能在马上使飞叉。

听了白胜的描述，宋江拨转马头，决定带手下人马跟卢俊义合兵一处，拿下东昌府。

本来大家觉得卢俊义有一万人马，宋江有一万人马，双方合在一起，梁山好汉有五十个头领，一个小小的东昌府有什么了不起的？宋江来到，两军合兵一处，立刻就开战了，没想到首战失利。张清厉害，一日之内连打水泊梁山十几员大将，场面极为壮观。

金枪手徐宁——石子眉心早中，翻身落马。

锦毛虎燕顺——打在镗甲护镜上，铮然有声，伏鞍而走。

百胜将韩滔——手起，望韩滔鼻凹里打中。只见鲜血逆流，逃回本阵。

天目将彭玘——手起，正中彭玘面颊。丢了三尖两刃刀，奔马回阵。

丑郡马宣赞——最惨的是丑郡马宣赞，一石子打在嘴边，翻身落马。

双鞭呼延灼——上阵要跟张清对战，呼延灼见石子飞来，急把鞭来隔时，却中在手腕上。早着一下，便使不动钢鞭，回归本阵。

赤发鬼刘唐——刘唐面门上扫着马尾，双眼生花，早被张清只一石子，打倒在地。

青面兽杨志——铮的打在盔上，吓得杨志胆丧心寒，伏鞍归阵。

插翅虎雷横——急待抬头看时，额上早中一石子。

美髯公朱仝——脖项上又一石子打着。

大刀关胜——关胜是五虎大将第一名，上场跟张清打。张清又一石子过来。关胜急把刀一隔，正打着刀口，迸出火光。关胜无心恋战，勒马便回。

这些人里表现最好的是双枪将董平。总有人质疑为什么董平就能进五虎将，其实董平确实有绝技。

双枪将董平直取张清，两马相交，军器并举，斗了几个回合，张清拨马便走。董平道："别人中你石子，怎近得我！"张清带住枪杆，去锦袋中摸出一个石子，右手才起，石子早到。董平眼明手快，拨过了石子。大家想一想，你拿鸡蛋打我，我用手里的筷子轻轻一拨，就把鸡蛋拨一边去了，这一招厉害啊！张清见打不着，再取第二个石子，又打将去，董平又闪过了。两个石子打不着，张清心慌，拨马往阵里疾驰，董平在后紧追不舍，追个马头碰马尾。董平叫一声"吃我一枪"，这一枪捅上来。张清看看躲不过了，急中生智，把自己的枪一扔，直接回头抱住了董平的枪，双方在马上扭打在一起。

梁山阵上急先锋索超望见，抡动大斧，便来解救。对面张清两员副将龚旺、丁得孙飞马奔来，截住索超厮杀。林冲、花荣、吕方、郭盛四将一齐尽出，两条枪、两支戟，来救董平、索超。张清见不是势头，弃了董平，跑马入阵。董平不舍，直撞入去，却忘了防备石子。张清见董平追来，暗藏石子在手，待他马近，迎头就是一下。董平急躲，那石子擦着耳根飞过去了。董平转身便回。索超也赶入阵来。张清停住枪轻取石子，望索超打来。索超躲闪不及打在脸上，鲜血迸流，提斧回阵。

前前后后，张清飞石连打梁山十五员大将，这一场飞石好汉的战斗，也是《水浒传》里特别壮观、激烈的场面。浪子燕青在阵门里看见，暗想："我这里被他片时连打一十五员大将；若拿他一个偏将不得，有何面目？"放下杆棒，身边取出弩弓，搭上弦，放一箭去，一声响，正中丁得孙胯下战马。丁得孙落马，被吕方、郭盛活捉。张清要来救时，寡不敌众，只得了刘唐，且回东昌府去。燕青放箭活捉了丁得孙，梁山算是挽回了一些颜面。

经过这一战，梁山好汉发现，咱们梁山不光有神箭手小李广花荣，还有狙击手浪子燕青，真的是箭不虚发。所以总结起来，燕青身上有五绝：

第一绝，一身花绣，形象绝；

第二绝，吹弹唱舞，才艺绝；

第三绝，百步穿杨，射箭绝；

第四绝，善于相扑，格斗绝；

第五绝，聪明伶俐，心思绝。

到东昌府之战的时候，前三个已经获得了大家的认可，后两个尚没有机会展示。

在水泊梁山这个大舞台上，作为后上山的晚辈，燕青抓住机遇，脱颖而出，恰当地展示了自己的才华，获得了众好汉的认可，最后排座次的时候位列天罡星第三十六位，抓住了最后一个座次指标。燕青的五绝当中，最令人佩服的不是前四项，而是第五项。这个伶俐劲儿在前边讲面见李师师的时候，已经有所展示了。在这里，我们再分析一下燕青的角色意识。

燕青多才多艺，身份却比较尴尬。在上梁山之前，他只是卢俊义手下的一个小跟班，在梁山团队当中，可以说是资历又浅又没有人脉。然而，就是这样一个名不见经传的小人物，却凭着自己的本事，在梁山的舞台上很快崭露头角，做出了令人瞩目的成绩。我们都知道，一个人成功太快往往会受到他人的嫉妒，但燕青恰恰相反，一班兄弟不仅对他刮目相看，而且都非常喜欢他。那么，浪子燕青究竟是怎样做到这一点的呢？

燕青本来是二把手卢俊义的心腹，可是通过跟宋江一起到东京汴梁出差，没几天就登堂入室，成了一把手身边的红人。另外，宋江和卢俊义对燕青都高看一眼，让他参与水泊梁山的外事工作。燕青跟柴进一起，组建了梁山的"外交团队"。很多重大的外事活动，燕青都一手经办，特别受信任。不过在整个过程当中，燕青一直谦虚低调，从来不得意扬扬，不自高自大。他在宋江面前很低调，在卢俊义面前更加严谨和低姿态。不管宋江、卢俊义怎么捧燕青，燕青是该干活干活、该表态表态，言语谨慎，行为低调，从来不做出格的事，从来不说出格的话。这就叫角色意识。

一个人在团队当中、领导面前不做出格的事，不说出格的话，时时刻刻明白自己是谁，做到一点不简单。年轻人参加工作，首先要注意的就是要有角色意识。

有很多朋友会问，什么是角色意识呢？我们给大家介绍一个案例。

前段时间，我跟研究西方管理思想史的老师一起讨论了一个案例，这个案例中的秘书的角色意识特别典型。

话说有个公司要开年终总结会，前一天晚上，经理就把秘书叫过来了，小伙子三十岁上下，是个骨干。经理说，明天开大会，缺个材料，今天晚上你加个班，明天上午我们开会，你就可以去休息了。秘书真给力，这一宿，漂漂亮亮、干干净净，写了八千字的稿子。

第二天一上班，秘书把稿子给领导送上来："领导，写完了，您过目。"看着秘书眼圈都熬红了，领导很高兴，也很感动。领导说："不错，辛苦了。"说着，领导回身拿出一个饭盒，打开饭盒，里边四个热气腾腾的包子。领导说："还没吃早饭吧？来，趁热吃，这是你嫂子给你准备的。"

下属拿这个饭盒很感动，说："谢谢领导。"这个场景我们似曾相识，甚至有些人都亲身经历过。对我们来讲，这就是一个普普通通的领导跟下属很好配合的案例。可是，这个场景如果在西方学者的眼睛里，那可就五花八门了,能问出很多问题。西方学者看到这个案例,一般会问四个问题。

问题一:为什么下属加班的时候,领导跟下属的嫂子一起趁天黑去蒸包子了?这算不算私德有问题?我们赶紧就得解释,这里说的"你嫂子"根本就不是下属的嫂子,指的是领导自己的老婆。

问题二:为什么领导要娶下属的嫂子当老婆?下属的哥哥怎么办?你还得跟他解释,"你嫂子"就是领导的原配,她跟下属的哥哥没啥关系。为啥说"你嫂子"呢?其实就是暗示我是你哥,从而拉近上下级的心理距离。

问题三:为什么不直接说我是你哥?我们还要给他解释,这叫暗示表达感情。我们见到下属了,说:"令尊、令堂还好吧?弟妹和小侄子还好吧?你嫂子给你带了一点土特产,回去给弟妹试一试,给小侄子尝一尝。"这些都是通过暗示来表达感情的方式。

问题四:好,既然暗示说我是你哥,为什么那个下属不说"谢谢大哥",说的还是"谢谢领导"?其实,这就是职场上最重要的原则之一。

智慧箴言

> 领导可以改变对你的称呼,不管领导怎么称呼你,作为下属,你只能把领导当成领导。

上边有千条线,下边是一根针;上边有一千个称呼,下边只能有一个回应。因此,刚参加工作的年轻人,在职场上要有这样的角色意识,要明白自己是谁。领导对你换个说法,那是领导改善关系、展示亲民的姿态;作为下属,你得严守自己的身份。这对于任务的完成、人际关系的改善、上下级的配合,以及个人的发展都是非常重要的。燕青是卢俊义的心腹,后来借助东京汴梁出差的机会又深得宋江信赖,在梁山上独当一面负责外事联络工作。不过燕青并没有居功自傲,在宋江、卢俊义面前十分谦虚低调。特别是上山之后,在对待卢俊义的态度上,燕青保持了特有的严谨和低姿态。

无论一把手、二把手怎样当众抬高自己，燕青总是保持一副下属该有的态度，语言谨慎，行为低调，该干活干活、该表态表态，这样的年轻人当然会深受领导喜欢。我们给燕青的聪明伶俐做一个评价：他不光善于待人接物，而且有很好的角色意识，从来不做超越自己身份的事情。

聪明的燕青受到大头领宋江的青睐，成为他身边不可或缺的一员。作为领导身边的红人，燕青心里明白，如果仅仅靠端茶倒水伺候领导，光说不干耍嘴皮子，这种所谓的成功肯定无法长久，也无法令众头领服气。于是，挑战神州擂就成了燕青报效梁山、展示自己的最好机会。那么，为了保证这次打擂行动能够获得成功，燕青又做了怎样精心的准备呢？

听说任原立了神州擂，燕青发现这个机会难得。任原武功高强，两年都不曾遇到对手，打败他正好可以一战扬名。借着神州擂，燕青可以向梁山好汉及天下人展示一下自己的武功，告诉天下，英雄浪子燕青不仅聪明伶俐、善于沟通，不仅会写诗唱歌、有文艺才能，也是武功高手，可以威震神州。为了这份认可、这份光荣，燕青决定去打神州擂。

不过任原号称擎天柱，一身好本事，身高过丈，武艺超群，再加上力大无穷，两年之间打败了各路高手，燕青要完成这个挑战，必须做好充分的前期准备。燕青在做准备工作的时候，有很多可圈可点的地方。我下了一点功夫，对燕青的心理准备做了一些分析，总结了燕青的五条成功经验供各位参考。

经验一：为公不为私

下定打神州擂的决心之后，当日燕青来向宋江汇报："小乙自幼跟着卢员外，学得这身相扑，江湖上不曾逢着对手。今日幸遇此机会，三月二十八日又近了，小乙并不要带一人，自去献台上，好歹攀他撷一交。若是输了撷死，永无怨心。倘或赢时，也与哥哥增些光彩。这日必然有一场好闹，哥哥却使人救应。"宋江说道："贤弟，闻知那人身长一丈，貌若金刚，约有千百斤气力。你这般瘦小身材，总有本事，怎地近傍得他。"燕青道："不怕他长大身材，只恐他不着圈套。常言道：相扑的有力使力，无力斗智。非是燕青敢说口，临机应变，看景生情，不到的输与他那呆汉。"

燕青向宋江提出："哥哥，我要去打神州擂。"宋江马上提了一个问题："贤弟，我听说任原号称擎天柱，身高过丈力大无穷。你虽然有好本事，可是你身体这么单薄，能打得过他吗？这神州擂不打也罢。"

在抓住机遇进行自我展示的时候，我们肯定会有一个当众表态的过程。别人会问你为什么要做这件事。跟周围人谈动机、谈目标的时候，要多谈公事，少谈私事。

一般来说，任何事情都有三个目标，一个组织目标，一个个人目标，还有一个超级目标。比如，唐三藏师徒四人西天取经，组织目标是取到真经，个人目标是修持正果，超级目标是普度众生。在公开场合谈一个事情的时候，要坚持为公不为私的原则，应该多谈组织目标，多谈超级目标，少谈个人目标。

智慧箴言

对着天下谈天下，对着大家谈大家，千万不要对着天下谈在下，对着大家谈自家。

如果是大场合，比如记者招待会，天下人关注，那就要面对天下谈天下；如果是小场合的公司会议，全公司关注，那就要面对大家谈大家。错误的方式就是在公开场合张口闭口都是个人利益得失，把事业和个人小算盘结合起来。这样做的结果就是，支持减少，质疑增加，事情受阻。

燕青是怎么表态的呢？燕青的意思是：哥哥，我去打这个神州擂，如果上台打败了，那是我学艺不到位，我心甘情愿吃这个败仗。如果我上台打赢了，那就为哥哥扬名，为咱梁山争光。打赢了那是组织的光荣、领导的光彩，打输了归于我个人。把成功归于组织，失败归于个人，这就是燕青的机灵劲儿。

谈完了公家的事，燕青马上提要求了："这次肯定要大打，哥哥你得给我准备一点人，打完擂以后去接应我。"谈完公事，谈完大家，谈完天下，你让别人接应你，别人肯定接应你。你要谈私事，谈个人，谈完之后让人不推辞，谁会去啊？所以做大事者的第一个思想准备，就是你要学会为公不为私。

燕青虽然只是卢俊义的一个家童，可是他在这个卑微的身份上，就已经能想天下事了。真正成大事的年轻人都是这样，这叫身无分文，胸怀天下。

宋江很佩服："小乙你放心，我准备人去接应你。"接着，宋江问燕青："光有这个远大目标不够，你得有点计划。你准备怎么打这个神州擂？"

现在有的年轻人有目标没计划，胸怀很大，但是寸步难行。我们把这种现象称为"小马驹子扑蝴蝶，心灵爪笨；老虎吃天，无从下口"。

燕青的计划做得很好："哥哥，我已经算计了，三月二十八，这是庙会的正日子，天齐庙，要拜关老爷，上香，开擂。今天是三月二十四，我明天起程，二十五路上一天，二十六到泰安神州，二十七踩踩点，打探一下情况，三月二十八上台打擂，上午成功，下午回山。"你看看燕青，这事想得特别清楚，安排得特别妥当。宋江说："好，贤弟，收拾东西，明天为你饯行。"

第二天，梁山好汉摆了酒，替燕青送行。燕青打扮成什么样呢？一手拿着铃铛，一手扶着一个货郎担子，打扮得纯纯朴朴，就像一个行走乡下的货郎一样。宋江瞅着燕青乐了："小乙啊，没想到你还这么会乔装改扮。既然你打扮成货郎的样子，你能给我唱一个山东货郎转调歌吗？"这意思就是说，你号称是学传统相声的，那就给我来个报菜名吧，或者来个吆喝也行。

很多人都以为燕青不会，可没想到，燕青乐了："哥，我有准备。"他一手拍着板，一手摇着铃，扯开嗓子，声音嘹亮，唱了一个山东货郎的太平歌。满场喝彩，大家热烈鼓掌，都说这燕小乙真厉害。宋江暗自点头："贤弟，你这个才华真是了不起，妥当周到，文武兼备。起程吧，我们等你的好消息。"

经验二：带人不带嘴

燕青上路，一个人走了不远，突然听到后边有人呼唤："小乙哥，等等我！"

燕青一回头，谁啊？正是黑旋风李逵。所以，燕青和李逵的组合，我把它称为"白加黑"。燕青白、帅，李逵黑、丑，两个人一粗一细，搭配得很好。

燕青说："铁牛，你不在山上，追我干什么？"李逵说："看你人单势孤，也没个帮手，我放心不下，特意悄悄下山，来给你做帮手。"

燕青心知李逵爱惹是生非，这个黑铁牛走到哪儿，哪儿就出事。所以，燕青道："我这里用你不着，你快早早回去。"李逵焦躁起来，说道："我好意来帮你，你倒当成恶意，把一番好心当成驴肝肺。你不让我去，我偏要去！"

燕青一看不行，李逵要耍脾气撒泼。这个黑李逵是宋大哥的贴心人，要跟他翻脸了，那以后这职业生涯怎么办？燕青说："好吧，我可以带你。那里圣帝生日，有四山五岳的人聚会，认得你的颇多。咱俩约法三章。你依得我三件事，便和你同去。"

你看，吴用去大名府带李逵，约法三章，燕青去泰安神州打擂带李逵，约法三章。对这些行为鲁莽、嘴碎嘴狠、爱惹是非的人，就是要提前约定好。

李逵说："行，三十条也可以，小乙哥你说。"

燕青道："路上和你前后各自走，我走前边你走后边，咱俩不一处走。只要进了旅馆客店，许进不许出，你进去就躺那儿，不要出门，这是第一件。第二件，到得庙上客店里，你只推病，用被包了头脸，便不要作声。第三件，打擂的正日子你去现场观看的时候，记住只能闭住嘴看，绝不要大惊小怪、大呼小叫，可不可以？"

李逵道："哑巴我都装过，这些有什么难处！都依你便是了。"这正是：

李逵平昔性刚强，相伴燕青上庙堂。

只恐途中闲惹事，故令推病卧枯床。

通过燕青的约法三章，大家看到燕青约束李逵的核心是什么？和吴用管李逵的模式一样，还是管嘴，坚决不让李逵说话。

吴用和燕青带李逵出差，都提出了类似的要求。管人先管嘴，修身先修口。所谓病从口入，祸从口出，嘴上失控，后果严重。因此，管理者在带队伍的时候，必须注意以下两条。

（1）统一口径，统一发声，不能什么人都跟外面接触，什么人都发表言论。在内部可以随便说，但是对外发表言论，要统一口径，由一个人负责。也就是说，一旦团队面临问题和挑战，第一条要强调的就是统一口径、统一发声。

（2）对那些平时管不住嘴的人，务必提前加强约束。俗话说封得住瓶口，封不住人口；瓶里面能装水，人里面管不住嘴；拴住马嘴，拴住牛嘴，拴不住人嘴。这些俗语其实都是中国人生活智慧的总结，因为嘴上特别容易出问题。嘴痒、嘴贱、嘴碎、嘴刁、嘴黑、嘴损，这些看似是嘴上的小事，实则都是影响前途的大事。正所谓"嘴上常有三两蜜，嘴上自带万把刀"，我们的嘴不仅要闭得住，还要管得牢。

李逵答应之后，燕青带着李逵一前一后，就直接奔了泰安神州。路上无话，这一天就到了泰安神州。

当时，天下人都来上香，泰安有几百家旅店，都住得满满的。燕青跟李逵就找了一个街边的小店悄悄住了下来。

经验三：露脸不露艺

申牌时候（下午3时至5时），燕青先来到神州擂前。动手之前需要提前看一看比武现场，只见擂台高大，台边立着两根红标柱，恰似坊巷牌额一般，大牌子上面写的是"太原相扑擎天柱任原"，旁边两行小字道："拳打南山猛虎，脚踢北海苍龙。"

燕青也不说话，抽出扁担，抡圆了，内力灌注进去，虽然那扁担坚硬似铁，但一扁担下去，"啪"一下把这块牌子打得粉碎。周围人惊叫，这是来了踢场子的了。不等众人看清这人的面目，燕青就拉下帽檐挡住自己的脸，回手担上担子，转身就走。旁边有人起哄，说那位好汉慢走，亮个绝活给大家看看吧。燕青连头都不回，一路穿街过巷，回到小旅馆。观众多有好事的，飞报任原。

消息就像长了翅膀一样，立刻传遍了泰安。两年了，没有对手，突然来了一个踢场子、砸牌子的对手，大家当然很好奇、很兴奋。

有人发现了燕青的行踪，追到燕青住的店里来探听消息，其中也夹杂着擎天柱的心腹。

这些人都来找店小二："听说踢场子、砸牌子的好汉住你家店里？"

店小二说："不可能，我这里没有啊！"

众人说："有人看到了，就是刚刚住进来的客人。"

店小二说："只有两间空房子，刚刚只住进了一个货郎，长得白白净净的，这个货郎扶着一个病汉，再没有别人啊。"

那伙人道："正是那个货郎劈牌。"店小二道："休道别人取笑！那货郎是一个小小后生，有什么用！"那伙人齐道："你只引我们去偷偷看一看。"店小二指道："那角落头房里便是。"

众人到了燕青住的房间，扒着门缝往里边看，发现燕青跟李逵在床上躺着，一黑一白，捂着大被子，在那儿呼呼睡觉。这懂规矩的人就说："你看，他踢场子，必是一个江湖高人。他怕别人暗算他，所以故意装出病人的样子。这叫真人不露相，露相非真人。"

因为来看的人太多，前后好几十位，当天晚上，店小二忍不住好奇心，借着送晚饭的机会也来看一看。正好李逵睡醒了，从被窝里钻出头来，腾的一下坐起来，跟半截黑铁塔一样。店小二暗自赞叹，这位是踢场子的好汉，看这一身黑肉，看这俩大拳头。他问李逵："您必是那踢场子的好汉吧？"燕青说："不不不，他是我得病的亲戚。你看他病还没好呢，我才是踢场子要比武的好汉。"

店小二乐了："看你这身量，擎天柱一口就把你吞下去了，你怎么可能是踢场子的？"燕青乐了："现在不与你争论了，明天你自然知道我的本事。"店小二看他两个吃了晚饭，收了碗碟，自去厨房洗刷，心中只是不信。

在这段故事里，燕青的原则是什么？制造声势，但是不展示本事。我先制造声势，我来砸场子了，但是不在众人面前亮出自己的绝活，深藏不露。此举有两个好处：

第一个好处，不把自己的底细亮给对手，这样保证了第二天突然袭击的效果；

第二个好处，大战之前如果过度展示，有可能形成自我抑制，第二天表现就不好了。

我有这样经历：几个老师一起讲课的前一天，其中有一个老师喝了两盅酒，特兴奋，酒桌上把第二天要讲的几个观点、几个案例都给大家讲了一遍。我们几个人坐那儿闷头吃饭，就他一个人在那里高谈阔论。结果等第二天上场，大家都讲得很好，就他讲得不好。为什么呢？过度展示，消耗了心理能量，出现了自我抑制。因此，有经验的人在上场之前，一般都是坐在角落里一言不发，这其实是在保护自己的心理能量。

拳头只有收回来再打出去才有力量。深藏不露、收放自如，这才是真功夫。鹰是鸟王，虎是兽王；鹰立似睡，虎行如病。雄鹰站立的样子像睡着了，老虎行走时懒散无力，仿佛生了病。实际上，这正是它们的高明之处。君子要聪明不露、才华不逞，有智慧的人要做到不炫耀、不逞强，知进知退、知显知藏，这样才能干成一番大事。

在人际交往中，我们要学会知进知退，该表现的时候就挺身而出，技压群雄；如果不到表现的时机，就要收敛锋芒，等待时机。锋芒太露容易没饭吃，真正高明的人都是身怀绝技、深藏不露的，等待时机一鸣惊人。一个有才华的人过于喜欢炫耀自我，他的前途和事业就会非常危险。翻开历史，我们可以看到那些聪明外露、过于张扬的人结局都不好。三国晚期的诸葛恪是诸葛亮的兄长诸葛瑾的儿子，名门之后。他在很小的时候就才华过人，展现出了特殊的天赋。不过，诸葛瑾却很忧虑，他对儿子的评价是：恪性格急躁、刚愎自用，而且太喜欢表现自己，锋芒过于外露，终将引来祸端。果然不出父亲所料，诸葛恪长大掌权后，独断专行，以才压人，最终引起众怒，被人杀死，家族也遭到诛灭。

凡是做大事的人，都应该修炼"藏露"之功。洪应明在《菜根谭》中说："文章做到极处，无有他奇，只是恰好。"才智的使用也应如此，用至好处，只是恰好。

燕青的藏露之功就练得很到家。面对众人的关切、担忧甚至嘲笑和质疑，他不着急不着慌，不显山不露水，并不急于亮出绝活证明自己，而是安安静静地等待时机，不鸣则已，一鸣惊人。

燕青遇事审时度势、沉着冷静、心思缜密，与梁山上大多数的"莽汉"相比，简直有着天壤之别。在职场之中，像燕青这样的员工往往深受领导的器重。把任务交给这样的人来办，让人既省心又放心。那么接下来，智慧的燕青还有怎样的精彩表现呢？

经验四：看场不上场

次日，燕青和李逵吃了些早饭，吩咐道："哥哥，你自闩了房门高睡。"燕青要到现场观察地形，动手之前做到心中有数。第二天打也可以

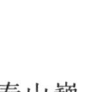

打,撤也可以迅速撤退。燕青随众人来到岱岳庙里,放眼望去,泰山巍峨、庙宇雄伟、雕梁画栋、气象万千,真的是一个好去处,但见:

庙居岱岳,山镇乾坤,为山岳之至尊,乃万神之领袖。山头伏槛,直望见弱水蓬莱;绝顶攀松,尽都是密云薄雾。楼台森耸,疑是金乌展翅飞来;殿角棱层,定觉玉兔腾身走到。雕梁画栋,碧瓦朱檐。凤扉亮槅映黄纱,龟背绣帘垂锦带。遥观圣像,九流冕冔目尧眉;近睹神颜,衮龙袍汤肩禹背。九天司命,芙蓉冠掩映绛绡衣;炳灵圣公,赭黄袍偏称蓝田带。左侍下玉簪珠履,右侍下紫绶金章。阖殿威严,护驾三千金甲将;两廊勇猛,勤王十万铁衣兵。

当时燕青游玩了一遭,出草参亭,拜了四拜,问烧香的道:"这相扑任教师在哪里住?"便有好事者说:"在迎恩桥下那个大客店里便是。"燕青听了,径来迎恩桥下,只见桥边栏杆上,坐着二三十个相扑子弟,面前遍插铺金旗牌,锦绣帐额。燕青闪入客店里去看,见任原坐在亭心上。任原什么相貌,《水浒传》里说:真乃有揭谛仪容,金刚貌相。坦开胸脯,显存孝打虎之威;侧坐胡床,有霸王拔山之势。

擎天柱任原光着膀子,铁塔一般往那儿一坐,正在看几十个徒弟练相扑。

燕青在外边看,也有人在里边看。徒弟中有认得燕青的,悄悄地向任原报告了:"门口的那个小伙儿,就是昨天踢场子的人。"任原一听,瞪着眼就站起来了,大叫一声:"哪一个不怕死的,敢跟我较量?"

众人都回头看燕青。我们在功夫片、武打片里看到这场景,接下来会发生什么事?燕青肯定会大喊一声跳过去,当场两人就动手了。

不过奇怪的事情发生了,燕青面对任原的挑衅一声不吭,还是压低帽檐,转身就走了。后边任原众徒弟起哄,燕青也不在意,急急地离开现场,回到了旅馆。《水浒传》里连着用了两个"急",体现了燕青慌慌张张、匆匆忙忙的状态。燕青为什么慌慌张张离开现场,难道是他惧怕擎天柱吗?当然不是,要怕就不来了。燕青这个"急"有两个原因。

第一个原因，如果现场真跟擎天柱动起手来，对方有二三十号人，胜负难以预料，就算真的胜利了，那也算是私斗，白白损失了自己的精气神，还没打擂呢，胜了也白胜。

第二个原因，早早动手亮出自己的套路和底细，第二天就达不到突然袭击的效果了。

因此，大战之前要精气内敛、韬光养晦，不要节外生枝。基于这样的考虑，机灵的燕青选择了迅速撤退，避免当场冲突，节外生枝。这一策略叫看场不上场，大战之前看看场地踩踩点可以，但是绝不会上场亮手段，也不会在小事情上纠缠计较；大战之前要养精蓄锐，避免节外生枝。这些都是燕青的缜密细致之处，值得我们学习。

经验五：博名不博利

第二天是个大晴天，众香客早早地就来了现场。偌大一个岱岳庙挤满了看热闹的，墙头上、房上全是人。

太守（知州）也来了，坐在前排。现场扎起山棚。棚上都是金银器皿、锦绣缎匹，门外拴着五匹骏马。这些都是花红利物、获胜奖品，打擂台也是赌博比赛。

那边有人喊，擎天柱来了。只见擎天柱任原坐着轿子，带着二三十个徒弟，得意扬扬，来到现场。

擂台上出现了一位"部署"。什么是部署呢？就相当于今天的主持人兼裁判。部署高喊："有请任教师。"擎天柱任原上场，他先喝了两口神水，拜了一拜关帝，回身把大氅就甩掉了，引得万人齐声喝彩。只见他身高过丈，膀大腰圆，一身腱子肉；头绾红巾，腰系一条绛罗翠袖，打了十二个蝴蝶纽，起着鸳鸯折；脚下短裤护膝里暗藏机关，夹着铁片、铁环，关键时刻可以用机关伤人。

任原得意扬扬往那儿一站，大声说："天下四百座军州，七千多县治，两年以来被我打遍，并没有遇到对手，香客们的花红利物都被我得了。今年再打一年，我便要回归家乡去。从南到北，从东到西，东至日出，西至日没，两轮日月，一合乾坤，南及南蛮，北济幽燕，请问天下有哪个英雄，敢跟我比试一下吗？"

任原话音刚落，人群当中有人喝一声："我来也。"只见浪子燕青按着两边人的肩膀，从人背上直飞到擂台上面。众人禁不住发出一阵惊呼。

这个部署看了看燕青，没瞧得上，感觉就是一个漂亮小伙，根本不可能是擎天柱的对手！部署问道："汉子，你姓什么叫什么？哪里人氏，从何处来？"燕青道："我是山东张货郎，特地来和他比试。"部署道："汉子，性命只在眼前，这是玩命的事，你可想好了，你有保人吗？"燕青道："我自己作保，死了不要人偿命，愿立生死状！"

部署说："好吧，你先整理下衣裤。"只见燕青打了赤脚，脱了鞋，解了腿绷护膝，跳将起来，把布衫脱下，露出一身花绣，往那儿一站，潇洒如玉树临风，挺拔似青松傲雪，眼睛里全是精气神。老百姓一看，这简直是菩萨边的金童下凡了，真的是一表人才，庙里看客如搅海翻江一般齐声喝彩。

任原看了燕青，心里倒有五分胆怯。这就叫先声夺人！

太守动了爱才之心。这整个赌局是太守操纵的，太守当然知道任原的厉害。这么好好的一个小伙子，给打死了多可惜。太守派人把燕青叫到眼前："你何方人士？"燕青道："小人是莱州人氏，排行第一，在乡下做一点小买卖。今天特来打擂，要跟他比高低。"

太守说："打擂何等凶险，你就不要跟他比高低了。那匹马我送给他，其他的东西你们俩平分。今后就留在我身边，我抬举抬举你，做个长随可好啊？"

太守以为燕青会感恩戴德、叩头谢恩，没有想到燕青根本不领情："谢谢太守美意，小人并不想要那些金银珠宝、花红利物，我要的是名扬天下，博得大家一声喝彩。"

完成挑战性任务的时候,如果有人跟你谈目的和动机,那么你该怎么回应呢?燕青给我们做出了榜样,就是博名不博利,要多谈光荣,多谈名誉,少谈利益,少谈金钱。根据马斯洛的需求层次理论。

智慧箴言

光荣、名誉这些是高层需求,而利益和金钱是低层需求,谈高层需求容易获得尊重与支持;相反,如果一上来就大谈低层需求,容易让人反感。

这就叫博名不博利。燕青是一个有荣誉感的人,历史的发展一次次证明,荣誉感是英雄完成事业的基本驱动力。所以谚语说,爱惜衣裳要从新的时候起,爱惜名誉要从幼小时候起。有人曾问文学大师托尔斯泰:文学创作的动力源泉是什么?大师回答,是对于荣誉的渴望。小孩子从懂事开始,就希望获得来自他人的称赞,这种对荣誉的珍惜会一直伴随终生,这是人性的本质,也是人性的光芒。

燕青告诉太守,英雄打擂为的是名扬天下,说罢转身再次登上擂台。部署先问他要了文书,怀中取出相扑规则,读了一遍,对燕青道:"你晓得吗?不许暗算。"燕青冷笑道:"他身上都有准备,我单单只这个水裈儿,暗算他什么?"台下的太守见燕青态度坚决,很佩服燕青的勇气和决心,但还是不相信燕青的本领。太守不甘心,再次派部署上来调停。部署跟燕青商量,私下和解平分金银,可以安全脱身,没有生命危险。燕青笑了:"不要小看在下,你怎知道我打不过呢?"

这一来二去的费周折,精彩的打擂比武迟迟不能开始,周围这一万多观众急了,大家开始起哄。部署道:"既如此,你自己百般愿意,那就动手吧!"

当时,部署后退半步,做了一个准备的手势。燕青在右,任原在左,各自拉开架势,精彩的比武一触即发。任原此时恨不得把燕青丢去九霄云外，一下摔死他。全场鸦雀无声，一万多双眼睛紧紧盯着擂台，那空气仿佛凝固了一样，大家屏住呼吸，期待着这场龙争虎斗。只听部署大喊一声："看扑！"到底燕青生死如何，他能不能打败战神一样强大的对手擎天柱呢？我们下一讲接着说。

第七讲
燕青的幸福规划

人在一生中，会遇到各种各样的困难和挑战。当生活的艰辛和不易不断刺激和考验我们的时候，我们只有坦然面对，迎难而上，不断前行，才能最终寻求到一条属于自己的幸福之路。《水浒传》中的燕青论出身，身份卑微，论武功，在群雄中也并非格外出彩。然而就是这样一个小人物，却通过自己超越常人的智慧设计，最终拥有了幸福美满的人生归宿。那么，燕青到底有着怎样的过人之处？他是如何智慧地规划出自己的幸福人生路的呢？

记得中学的时候，读到过契诃夫的一句名言：世界上有大狗，也有小狗。小狗不该因为大狗的存在而心慌意乱。所有的狗都应当叫，就让它们各自用自己的声音叫好了。这句话提醒人们，在这个世界上，人跟人是有差异的。每个人都不应该因为别人的存在而否定自己。我们都应该认真地过好自己的生活，都应该努力地去追求属于自己的目标。鹰击长空、鱼翔浅底，每个人都有属于自己的生活方式和乐趣，不必因为别人的存在而打乱自己的步调，要好好规划属于自己的幸福生活。

生活的道路有很多，条条大路通罗马，关键在于找到属于自己的那一条。梁山好汉燕青就找到了属于自己的那条道路。在打败擎天柱的赞美声中、南征北战的冲杀中、高官厚禄的诱惑中，他保持了清醒的头脑和冷静的判断，选择了一条和多数兄弟都不太一样的人生道路。

细节故事：燕青智扑擎天柱

上一讲讲道，燕青和擎天柱的生死对决即将开始，擂台上只三个人。凡是精彩的描写都会有一点场面的铺垫，燕青打擂，场面铺垫得特别足，先是宋江怀疑，再者是店小二怀疑，接着是太守怀疑，所有人都怀疑燕青打不过擎天柱。人物关系铺垫足了，作者又给燕青打擂做了一个景物的铺垫，只听部署喊了一声："看扑。"当时的景色是什么样的呢？宿露尽收。旭日初起。大家想想那场面，一万多人，鸦雀无声，静悄悄地看着那擂台上。天已经亮了，露水已经干了，草木都闪烁着光芒，红日升起来，阳光像水一样铺满大地。

部署后退半步，做了一个准备的手势。燕青占据了右边，擎天柱占据了左边。燕青拉了一个架势，一个蹲的架势。他这个姿势有点像短跑中起跑的蹲踞式。擎天柱一看就没瞧得上，姿势这么难看，这是相扑吗？擎天柱自己也拉了一个架势。众人心都提到嗓子眼了，眼巴巴等着二人动手，可是，等了半天发现燕青纹丝不动。擎天柱又换了个架势，燕青还是没动。擎天柱心想：这是被我吓傻了吧！于是擎天柱就开始一步一步地，从台这边向燕青那边逼过去。此时，燕青就使了一个心机。燕青故意拿眼睛盯着擎天柱的腿，他是给擎天柱递个信号，我看你下三路，一会儿就向你下三路发起进攻。擎天柱收到这信号了，擎天柱的心理活动是：哦，你要奔我下三路动手啊？就你这身板，我一脚就把你踢飞。擎天柱决定用脚来踢燕青。

燕青的目的达到了，他就是要诱擎天柱来踢。擎天柱左脚启动身体微侧，准备起右腿踢燕青。这个机会很难得，在他重心转移将动没动的一瞬间，燕青突然起身，喊了一声："不要来。"为什么要喊这么一声？一是给自己启动鼓劲，二是分散敌人的注意力。擎天柱听到这一声喊稍微走神，燕青一侧身，从他的左胳膊底下钻过去了。擎天柱身高过丈，两米多，燕青一米七几，所以钻过去很容易，"哧溜"一下就钻过去了。擎天柱大喝一声，一扭身，就要动腿踢的这一瞬间，燕青再一侧身，从他右胳膊底下又钻过去了，就像只小燕子一样。

擎天柱眼花缭乱，他身长力大，重心高，连续转身，脚下这步伐可就乱了。燕青从他右胳膊下钻过去。等擎天柱再一回身，燕青抓住这一瞬间，伸右手扭住擎天柱，左手向下走，从他裆下插过，身子一歪，用肩膀抵住擎天柱的胸脯，一使劲儿，就把两米多的擎天柱给扛起来了。擎天柱只觉得头重脚轻，整个人天旋地转。燕青把擎天柱举到空中，借着惯性连续转了几圈，喊了一声"下去"。一撒手，擎天柱就像个陀螺一样，转着圈就下去了，"啪"的一声摔到台下。

这一扑，名唤做鹁鸽旋。数万香官看了，齐声喝采。

那边擎天柱的徒弟可不干了，二三十个徒弟，抄起家伙蜂拥而上，一半人去救擎天柱，另一半人就奔着燕青冲过来了。台下黑旋风李逵一看要打小乙哥，就急了。可是，李逵比较尴尬，因为担心暴露身份，这次随身没拿斧子。怎么办？看旁边有小杉树，粗细正合适，李逵"咔咔"折了两棵杉树当作短木棒，抡起来就打进人群。双方一场混战，这现场可就乱了。李逵很机灵，上来不打人，先找人。找谁？找擎天柱。两米多的擎天柱，从大台子上摔下来，已经摔晕了，躺到地上直挺挺的。李逵心想，你这个害人精，就死到这儿吧。只见李逵路旁边捡了个石板，二话不说，对着擎天柱的脑袋一拍，拍得擎天柱脑浆迸裂，死在当场。李逵一打人不要紧，周围有人认出他，就喊了："这是梁山黑旋风。"外面官府的公差冲进庙里齐声大叫："休教走了梁山泊黑旋风！"

太守一听说有梁山好汉，吓得魂飞魄散转身就跑。公差和官军就把岱岳庙给团团包围了。等到燕青和李逵从庙里打到庙门口的时候，已经出不去了，飞蝗一样的乱箭"嗖嗖嗖"就扑上来了。大将军不怕千军，就怕寸铁。燕青跟李逵说，上墙吧！打架无法，上房揭瓦，咱俩上墙上房。燕青拉着李逵一转身上了墙，再一转身"嗖"的一下两个人就蹲到房上去了。他们在房上揭了瓦就跟官军对打，官军往上射箭，这二人就往下扔瓦。

这个时候，庙里的闲人越来越少，公差、官军越来越多。实际上，燕青跟李逵已经陷入了重重包围当中。

在看打擂这段的时候，请大家注意两个细节，一是任原身上有机关，二是太守在台下可以左右局势。看起来很公平、很公开的神州擂，其实是有很多猫腻的，是被官府和恶霸把持的一个赌局。台上暗算，台下分钱，官府撑腰，任原作弊，这几乎是可以肯定的。也就是说，燕青打擂如果是一个人独来独往，即使台上取胜了，也根本无法脱身。因为有了水泊梁山的强大后盾，燕青才敢放手一搏。

一个人再有本事，离开了集体的支持，也如同鱼离开了水，很快就会陷入困境。作为一个职场新人，如何很好地融入集体之中呢？这里提供六条建议：

（1）勤：腿勤嘴勤手勤，一勤三分好，一懒十分嫌；

（2）谨：小事做好只是小事，做不好就是大事；

（3）稳：情绪稳定，修心修口，三思而行；

（4）谦：低姿态提高满意度，获得更多帮助；

（5）温：理直气不壮，义正辞不严；

（6）密：不随便议论人，谈论工作话题选择场合。

燕青融入梁山团队，获得了强大的支持，如果单枪匹马一个人，他是不能来打擂的。背靠大树好乘凉，有了兄弟不害怕。燕青知道宋江已经安排人了，过一会儿就能变被动为主动。坚持了不到半顿饭的工夫，局面就变了，外面的官军开始退潮一样地败退下去。卢俊义带着梁山好汉杀了进来，冲在前边的是梁山好汉花和尚鲁智深、行者武松、两头蛇解珍、双尾蝎解宝、九纹龙史进、没遮拦穆宏。众好汉冲开官军，顺利把燕青和李逵救出了岱岳庙。

燕青打擂取得了轰动性效果，梁山好汉浪子燕青从此名扬天下。燕青这个时候可就不是凭借吹弹唱舞、一身花绣，靠一表人才名扬天下了，大家都佩服燕青燕小乙武功高强，相扑一绝。直到今天，还专门有一套拳叫燕青拳。燕青拳灵活、小巧、机智、狠辣，出招如电，一招制敌。水泊梁山有一百零八条好汉，英雄辈出，很多人武功超群，可是请问大家，有几个人留了一套拳到今天？

《水浒传》中对燕青的评价是这样的，"他虽是三十六星之末，果然机巧心灵，多见广识，了身达命，都强似那三十五个"。作者用了一个词，叫"了身达命"。这个词展示了燕青有一种特殊的能力，这个特殊的能力就是把握全局，判断未来，及时做出选择。凭借过人的远见和超人的果断，燕青及时给自己规划了职业生涯，也及时自己规划了人生的道路。这一点是燕青超越其他好汉的地方。

在工作和生活中，很多人喜欢努力拼搏，奋勇向前，而对"退路"往往考虑很少，现实中一旦出现不理想的结果，会给自己的工作和生活带来极大的不利。擂台大胜，燕青声名鹊起。面对突如其来的荣耀与声望，燕青并没有心浮气躁，却非常冷静。因为在智慧的燕青眼里，眼前的荣耀都如过眼云烟，上了梁山，未来之路必定会异常凶险，为了应对可能出现的不利局面，他早早就做好了安排。接下来，我们分析一下燕青是怎样把握局势、规划未来的。

第一步：提前行动，准备一条可靠的退路

早在梁山没有受招安之前，在波澜壮阔的大局面没有打开之前，燕青就准备退路了。大戏还没有唱呢，燕青退场的路都已经准备好了。话说在二见李师师的时候，燕青随身带了一些金银珠宝。双方认了姐弟，李师师对燕青有了足够的信任。为了获得李师师家里人的信任，燕青又把随身的金银珠宝分成两份，一份送给李妈妈，一份分给家里的丫鬟、仆人。这家人皆大欢喜，留燕青住在府上，而且人人都管燕青叫叔叔。

取得了李师师的信任之后，燕青提出了要见徽宗的想法。至夜，却好有人来报："天子今晚到来。"燕青听的，便去拜告李师师道："姐姐做个方便，今夜教小弟得见圣颜，告的纸御笔赦书，赦了小乙罪犯，出自姐姐之德。"燕青向李师师亮出底牌，希望借李师师的关系，亲自面见宋徽宗，获得一份御笔亲书的赦免文书。有了这个文书好似有了护身符，以后就不用担心官府捉拿了。

别看李师师是个风尘女子，她也是很懂心理学的。李师师对燕青说："你却把些本事动达天颜，赦书何愁没有。"意思就是说，兄弟啊，你就把你的本事亮出来给徽宗皇帝看，你那个本事，什么拆白道字、顶针续麻，什么吹弹唱舞、诗词歌赋，绝对都是我们这个道君皇帝最喜欢的。把他哄得开心了，他自然会给你写赦免文书。

当天晚上，月色朦胧，花香馥郁，兰麝芬芳，道君皇帝引着一个小黄门，扮作白衣秀士，从地道中来到李师师家。当时前后关闭门户，明晃晃点起灯烛，迎驾入房，备下诸般果品佳肴、羊羔美酒。李师师举杯上劝天子，天子大喜，叫："爱卿近前，一处坐地！"李师师见天子龙颜大喜，向前奏道："贱人有个姑舅兄弟，从小流落外方，今日才归。要见圣上，未敢擅便。乞取我王圣鉴。"天子道："既然是你兄弟，便宣将来见寡人，有何妨。"

燕青直到房内面见天子，纳头便拜。官家看了燕青一表人物，先自大喜。李师师就跟皇帝说了，我这个兄弟还有几般才艺，不如给您展示一下。于是，浪子燕青施展平生所学，一吹箫，二拨阮，三唱曲，一样比一样精彩。就见燕青顿开喉咽，手拿象板，唱了一曲《渔家傲》：

"一别家乡音信杳，百种相思，肠断何时了！燕子不来花又老，一春瘦的腰儿小。薄幸郎君何日到？想是当初，莫要相逢好！着我好梦欲成还又觉，绿窗但觉莺声晓。"

那声音真乃新莺乍啭，清韵悠扬。天子甚喜，命叫再唱。燕青拜倒在地，奏道："臣有一只《减字木兰花》，上达圣听。"天子道："好，寡人愿闻！"只听燕青唱道：

"听哀告，听哀告，贱躯流落谁知道，谁知道！极天罔地，罪恶难分颠倒！有人提出火坑中，肝胆常存忠孝，常存忠孝！有朝须把大恩人报。"

徽宗都听入迷了。可是，没想到燕青唱着唱着眼泪就掉下来了，伏案大哭。道君皇帝挺纳闷，问燕青原因，燕青道："臣自幼漂泊江湖，流落山东，跟随客商，路经梁山泊过，致被劫掳上山，一住三年。今年方得脱身逃命，走回京师，虽然见的姐姐，则是不敢上街行走。倘或有人认得，通与做公的，此时如何分说？"说完继续哭。李师师便奏道："我兄弟心中，只有此苦，望陛下做主则个！"天子笑道："此事至容易！你是李行首兄弟，谁敢拿你！"

燕青以目送情于李师师。李师师心领神会，立刻奏道："我只要陛下亲书一道赦书，赦免我兄弟，他才放心。"道君皇帝不愿意写，只说："又无御宝在此，如何写的？"其实这也是找个借口，皇帝说随身没带印信，没法写。接下来，李师师抓着徽宗皇帝左晃右晃，边撒娇边说："陛下亲书御笔，便强似玉宝天符。"意思是，您自己亲手写的，这不比印信管用啊？您就写了吧，写了吧。

李师师这一晃，徽宗的心都迷了。徽宗说："好吧好吧，我来写。"天子被逼不过，只得命取纸笔。这边丫鬟准备了笔墨纸砚，徽宗皇帝大笔一挥，给燕青写了一纸文书："神霄玉府真主宣和羽士虚静道君皇帝，特赦燕青本身一应无罪，诸司不许拿问。"随后，签字画押，押上了一个御笔的花字。所谓御笔花字就是一个特殊的草体签名，别人没法模仿。燕青一看，护身符到手了，纳头便拜，谢主隆恩。

我们看到，燕青和李师师准确地把握了道君皇帝的沟通特征，在他不情愿的情况下还是达成了目的，这叫说服技巧。我们每个人在工作生活中都需要这种说服技巧。一般来说，人们在沟通中会呈现四种类型：雄狮型、海龟型、金丝猴型、绵羊型。和四种类型的人沟通的时候，要注意使用不同的方法。

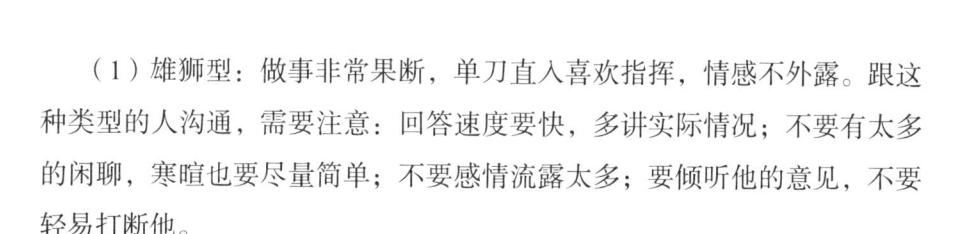

（1）雄狮型：做事非常果断，单刀直入喜欢指挥，情感不外露。跟这种类型的人沟通，需要注意：回答速度要快，多讲实际情况；不要有太多的闲聊，寒暄也要尽量简单；不要感情流露太多；要倾听他的意见，不要轻易打断他。

（2）海龟型：啰唆，在乎细节，语调单一，面部严肃，动作慢。跟这种类型的人沟通，要点是：注重细节，遵守时间，尽快切入主题；不要太热情，不要太活泼；要用专业术语，多列举一些具体的数据和图表。

（3）金丝猴型：感情外露，做事果断，活泼热情爱表现，有幽默感，善于调节气氛。跟这种类型的人沟通，需要注意：要表现得和他一样有热情；积极的手势和动作语言；对他保持足够的关注；多多提醒细节。

（4）绵羊型：感情流露多，做事不果断，说话很慢，表达得也很慢。跟这种类型的人沟通，需要注意：保持和蔼，多闲聊；多关注、多赞许；多进行感情交流。

总体上看，宋徽宗是金丝猴型和绵羊型的混合体。在公开场合，他是金丝猴型；在私下场合，他是绵羊型。在正式的场合，他喜欢表现，喜欢表演，愿意君臣同乐，找点乐子；私下里，没有主见，重感情，好汉架不住三句劝，只要跟他表达感情，十有八九他就会耳软心活。燕青使用了非常有效的沟通策略，进行文艺表演，唱、跳、舞、演，调节气氛，借助李师师进行感情交流，启动声泪俱下的情感沟通方式，始终扮演弱者，向对方表达尊重和赞许。这样的沟通策略取得了良好的效果，最后徽宗虽然有些不情愿，还是亲笔为燕青写了赦免文书。

燕青有了这份赦免诏书，就等于有了一道护身符。为什么非要这个文书？因为燕青发现，将来不管招安成不成功，梁山好汉都会受到奸臣的陷害，这就是燕青的远见。

有了徽宗皇帝的御笔文书，燕青就如同吃了一颗定心丸。按理说，他可以从此高枕无忧，等着享受即将到来的荣华富贵就好了，而这样的机会确实很快就来了。梁山将士受到朝廷招安，并打败了强敌方腊，而战功赫赫的燕青却在此时做出了一个重大的决定。那么，燕青究竟做了什么与众不同的决定？这个决定又会给他的未来人生路带来怎样非凡的影响呢？

第二步：远离是非，防备来自对手的暗算

话说经过艰苦的战斗，在付出重大牺牲之后，梁山大军终于平了方腊，好汉们凯旋了。在回京的路上，燕青私下找卢俊义，悄悄地跟他商量一件不能让别人知道的事。《水浒传》写了一段燕青的话，我觉得燕青这话说得特别到位。燕青说："小乙自幼随侍主人，蒙恩感德，一言难尽。今既大事已毕，欲同主人纳还原受官诰，私去隐迹埋名，寻个僻净去处，以终天年。未知主人意下若何？"燕青这是在邀卢俊义弃官归隐，别贪恋那些高官厚禄，还是提早走吧。

卢俊义什么态度呢？卢俊义说："好不容易取得胜利了，弟兄们身经百战，勤劳不易，边塞苦楚，弟兄损折，幸存我一家二人性命。正图一个衣锦还乡，封妻荫子，大好的世界，大好的前途，为什么要走？"

燕青笑道："主人差矣。小乙此去，正有结果。只恐主人此去，定无结果。"说到这里，作者写了一首诗：

> 略地攻城志已酬，陈辞欲伴赤松游。
> 时人苦把功名恋，只怕功名不到头。

其实，燕青早看出来英雄好汉在胜利之后受到排挤和暗算这个结局了。我们再一次感叹，燕青确实有着常人所没有的远见。

燕青见讲道理不行，就举了一个汉代的例子："汉朝有开国三大将，韩信、彭越、英布，这三个人功高盖世，帮助刘邦打天下，可是这三个人没有一个有好下场的。我们虽然征了方腊，取得成功，恐怕也不能得什么好结果，不如及早撤退。"燕青道："主人岂不闻韩信立下十大功劳，只落得未央宫前斩首。彭越醢为肉酱，英布弓弦药酒。主公，你可寻思，祸到临头难走。"

以上是燕青的观点，但是卢俊义完全不认同，他告诉燕青，你举了汉代开国三将的例子，但是这三个大将有两个特点：第一个特点，他们的地位都特别高，爵位都特别高。我卢俊义的地位没有他们那么高。第二个特点，这三个人都犯了错误，得罪了领导，他们有反叛之心。我卢俊义没有反叛之心。既然我地位不高，又没有反叛之心，我还怕什么呢？卢俊义道："我闻韩信，三齐擅自称王，教陈豨造反；彭越杀身亡家，大梁不朝高祖；英布九江受任，要谋汉帝江山。以此汉高帝诈游云梦，令吕后斩之。我虽不曾受这般重爵，亦不曾有此等罪过。"

一看劝不动，燕青说："主人，你要不愿意走的话，我自己也要走。"卢俊义说："你要去哪里？"燕青说："也只在主公前后。"意思是虽然走了，但不离您左右。我还会在您附近保护您的。随后，燕青纳头拜了八拜，当夜收拾了一担金珠宝贝挑着，径不知投何处去了。

在这段对话里边，我们看到卢俊义确实是缺乏远见，看不透事情的本质。燕青就看透了：即使我们做了重大的贡献，我们成就了巨大的功劳，我们有了徽宗皇帝的支持和认可，依然逃不过蔡京、童贯、高俅、杨戬这四大奸臣的魔爪。你要在他们手底下，早晚得把你弄死。另外，中国古代就有"飞鸟尽，良弓藏；狡兔死，走狗烹"的先例，还不如早点撤退。

"鸟尽弓藏，兔死狗烹"的典故

《史记·越王勾践世家》记载：范蠡遂去，自齐遗大夫种书曰："飞鸟尽，良弓藏；狡兔死，走狗烹。越王为人长颈鸟喙，可与共患难，不可与共乐。子何不去？"种见书，称病不朝。人或谗种且作乱，越王乃赐种剑曰："子教寡人伐吴七术，寡人用其三而败吴，其四在子，子为我从先王试之。"种遂自杀。

又《史记·淮阴侯列传》记载韩信临死所言："果若人言，'狡兔死，良狗烹；高鸟尽，良弓藏；敌国破，谋臣亡。'天下已定，我固当烹！"

刘邦当皇帝后为削弱韩信的势力，把当时是"齐王"的韩信徙封为"楚王"，使其远离自己的发迹之地。然后，又有人告发韩信"谋反"，刘邦又再将他贬为"淮阴侯"。不出几个月，皇后吕雉又以谋反之名将韩信诱至长乐宫杀死。刘邦于公元前202年得天下，韩信于公元前196年身首异处，这对共过患难的君臣在天下大定之后只相处了五年多一点的时间。韩信在临刑之前发出了"狡兔死，良狗烹；高鸟尽，良弓藏；敌国破，谋臣亡"的浩叹。

燕青是懂历史的人，他对鸟尽弓藏、兔死狗烹的典故理解得很深。他看到了这个规律，于是劝卢俊义撤退。卢俊义不走，燕青自己悄悄地走了。次日早晨，军人收得字纸一张，来报宋江。宋江看那张字纸，上面写的是："辱弟燕青百拜恳告先锋主将麾下：自蒙收录，多感厚恩。效死干功，补报难尽。今自思命薄身微，不堪国家任用，情愿退居山野，为一闲人。本待拜辞，恐主将义气深重，不肯轻放，连夜潜去。"燕青有文化啊，在纸条最后写了四句诗：

情愿自将官诰纳，不求富贵不求荣。

身边自有君王赦，淡饭黄齑过此生。

《水浒传》中的燕青英俊风流，智勇过人，堪称完美。很多人都好奇燕青最后的归宿，有人猜测他与李师师二人，英雄美女，浪迹江湖。然而，关于燕青的归宿，作者早已在书中有所暗指。通过作者的描写，我们不仅能推断燕青今后的去留，也能从字里行间感受作者自身的人生理想和处世态度。那么，功成名就、名满天下的燕青，最终会如何做出命运的选择？燕青身上的哪些智慧，可以帮助我们寻找一条属于自己的幸福之路呢？

第三步：淡泊名利，归隐田园实现自我

有人问，燕青去哪儿了？这在《水浒传》中没有明确描写，不过我们

在文本中还真给燕青找到了归宿。

话说当年，宋江率领梁山好汉征辽国回来的路上，发生了一个小插曲，这个小插曲就是燕青的归宿。话说梁山好汉征辽归来，往东京进发。凡经过的地方，军士秋毫无犯。百姓扶老携幼，来看王师，见宋江等众将英雄，人人称奖，个个钦服。大军行了数日，来到一个去处，地名双林镇。这一段叫"双林镇燕青巧遇故友"。

大军走到双林镇，燕青碰到一个老朋友，也是一个神秘人物，这个人名字叫许贯忠。他神秘在哪儿呢？神秘在他叫贯忠。各位想一想，还有一个人也叫贯忠，即罗贯中。"许"是许诺的"许"，是以身相许的"许"。因此，这个许贯忠很有可能就是罗贯中的化身，作者把自己写到小说里去跟燕青交流，他是想展示一下自己的人态度和人生理想。（有学者研究后得出结论，《水浒传》是施耐庵和罗贯中的联合作品，特别是《水浒传》的后半部分都是罗贯中的手笔。）

许贯忠长什么样呢？炯双瞳，眉分八字，七尺长短身材，三牙掩口髭须；戴一顶乌绉纱抹眉头巾，穿一领皂沿边褐布道服，系一条杂彩吕公绦，着一双方头青布履。必非碌碌庸人，定是山林逸士。看了许贯忠的长相，大概就能知道罗贯中的长相。据说有画家会在画人物的时候，把其中一个人的脸画成自己的脸；有小说作者在塑造人物的时候，也会把其中的一个人物塑造成自己的样子。如果《水浒传》后半部是罗贯中写的，他可能也会把许贯忠塑造成自己的样子。在《梁山政治》中，我在写朱武的时候，也会把自己的一些人格特征和生活态度写到朱武的身上。

宋江见这位先生相貌清奇，丰神爽雅，忙下马来，躬身施礼道："敢问高士大名？"那人道："小子姓许，名贯忠，祖贯大名府人氏，今移居山野。昔日与燕将军交契，不想一别有十数个年头，不得相聚。后来小子在江湖上，闻得小乙哥在将军麾下，小子欣慕不已。今闻将军破辽凯还，小子特来此处瞻望，得见各位英雄，平生有幸。欲邀燕兄到敝庐略叙，不知将军肯放否？"

原来这位许贯忠是燕青的好朋友，闻听燕青随同大军路过，特意邀请燕青去自己家里看看。燕青也说："小弟与许兄久别，不意在此相遇。既蒙许兄雅意，小弟只得去一遭。哥哥同众将先行，小弟随后赶来。"

宋江对燕青说道："兄弟不要耽搁太久时间，免得我这里放心不下。另外一旦到京，随时要准备朝见天子的。"燕青道："小弟绝不敢违哥哥将令。"又去禀知了卢俊义，然后在许贯忠的陪同之下，离了大队人马，朝山里进发。

过了些村舍林冈，前面却是山僻曲折的路。出了山僻小路，越过一条溪水，走了大概三十里。燕青以为就快到了，问许贯忠："哥哥，你家在哪儿？"许贯忠点点头，往远处一指，说："那个高峻的山岭背后就是我的草庐。"燕青一看，原来更在深山里面。那真是白云生处有人家，隐士都住在深山里面。又行了十数里，才到山中。那山峰峦秀拔，溪涧澄清。燕青正看山景，不觉天色已晚，但见落日带烟生碧雾，断霞映水散红光。

走来走去，已经是傍晚时分，霞光掩映之下，有几座精致的草房，这就是许贯忠的家。写到这儿，《水浒传》的作者在写尽了刀光剑影之后，突然笔锋一转，给我们做了一番静美的景色描述。在《水浒传》所有的故事里，许贯忠这段故事写得最独特，没有对话，没有人物，没有纵横天下、刀光剑影，偏偏全是景色描述。

第一段景色："门外竹篱围绕，柴扉半掩，修竹苍松，丹枫翠柏。"燕青进草庐拜见了许贯忠的老母，然后和老许两个人在草厅中对坐。小童搬上来一点山酒、一点果子、一盆鸡，两个人把酒临窗。这窗下边有一条溪水淙淙流过。

到这里，第二次写景色："云轻风静，月白溪清，水影山光，相映一室。"燕青赞叹："哥哥，你这个地方真好，归隐到这个地方远离尘世，怡然自得，真的是神仙一样的生活。"许贯忠劝燕青："你跟着宋先锋南征北战，建立了功劳，也算是名扬天下。可是当今的朝廷奸臣当道、皇帝昏庸，你们虽然建立了功劳，但是防止将来遭奸臣暗算，你得提前准备一个出路。"

第二天早晨，燕青睡到自然醒。早上起来，燕青梳洗已毕，吃了早点，信步走出草庐。到此处，第三次写景色："（燕青）登高眺望，只见重峦迭障，四面皆山，惟有禽声上下，却无人迹往来。燕青道：'这里赛过桃源。'"

《水浒传》在刀光剑影、尸山血海当中，突然笔锋一转，连续三次写景色，为什么？实际上是作者在表达两层意思。

第一层意思，燕青有归隐之心，他热爱桃源美景，将来要融入这个景色当中，要在这儿归隐。

第二层意思，作者借这段描述，通过许贯忠这个人物，在向我们表达自己的人生理想和生活态度。很多人都认为作者写《水浒传》，最终的理想就是接受招安，但是作者通过许贯忠和这三次景色描写告诉大家，我是想归隐的人。一个文章的作者能够把自己化身到文章中去跟燕青对话，可想而知，他对燕青这个人物有多么偏爱。燕青遇到故人这部分文字，作者想表达怎样的生活态度和人生理想呢？我给大家做一点分析。

人们经常会问一个问题：人活着到底为什么？其实，不为高官厚禄，不为良田千顷，不为家私亿万，人生最重要的是要拥有幸福感。那幸福等于什么呢？给大家一个简单的公式，幸福等于手里拥有的除以心里想要的。一个人有一个亿会幸福吗？不一定，手里有一个亿，心里想要十个亿，一除以十等于零点一，这叫荣华富贵，痛不欲生。这么多年就攒了二十万块钱，幸福吗？有可能，父母安康、家庭和谐、孩子成长、工作稳定，同事关系也很好，自己在做着有意义的事情，我觉得有五万就够了。手里有二十万，心里觉得有五万就够了，二十除以五等于四。他有一个亿，他的幸福指数是零点一；咱有二十万，咱的幸福指数是四，生活质量就是他的四十倍，这叫粗茶淡饭，其乐融融。

> **智慧箴言**
>
> 人生获得幸福有两种方式：第一种，在分子上做加法，积极进取，勇攀高峰；第二种，在分母上做减法，节制自己的欲望，不要贪得太多。

在分子上做加法往往是有边界的，这叫能力；在分母上做减法是没有边界的，这叫境界。减下来就有幸福，减下来就有空间。"做人淡泊，做事执着"，做人要在个人得失上看得淡一点，要懂得节制自己的欲望，"广厦万间夜眠八尺，良田千顷日食三顿"，明白这个道理就可以了。但是，很多人不明白，也许他们曾经明白，但是在追求荣华富贵的道路上慢慢就不明白了。

人生有两种痛苦，第一种是没有的痛苦，第二种是太多的痛苦。我们认为太多的痛苦要大于没有的痛苦，所以要节制自己的欲望，不要贪恋得太多。这是一个非常重要的人生境界，我们管它叫淡泊明志。淡泊明志的意思就是，分母上做了减法能看到远大的未来，能成就远大的事业。这是诸葛亮给我们的提醒，也是中国古人思想智慧的宝藏。作者通过燕青归隐这个事情在表达自己的生活理想，就是淡泊名利，给人生做减法——离开这纷纷扰扰的万丈红尘，归隐到田园中去享受生命的乐趣。前三十年学做加法，后二十年学做减法，这是一个基本规律。懂得做减法了，我们的幸福感就会越来越强。

好东西少一点是享受，多了是折磨，太多是灾难。比如，我喜欢吃包子，有个地方的包子好吃，我吃了一个，吃完就赶飞机走了，一年之后想起这个包子，满心欢喜，感觉这包子真好吃。你看，只吃了一个，好东西少一点是享受。如果我连着吃十个包子，撑得难受，那么从此以后我可能就不那么想吃这包子了。所以，好东西不能太多，要懂得适可而止。这是《水浒传》写到这里的时候，作者想给我们表达的一种生活态度。

许贯忠和燕青探讨的也是这个问题，远离官场，淡泊名利，回归自由自在的田园生活。

> **智慧箴言**
>
> 这种淡泊的心境，一直也是千百年来中国传统知识分子的精神底色，坚守住了这份清白和淡泊，也就守住了自我。接下来，就可以达则兼济天下，穷则独善其身，在潇洒和自在中体会生命的美好了。

作者化身为书中人物，亲自和燕青对话，谈论人生，展示自己的生活理想，可见作者对燕青这个人物有多么钟爱。可以说，理解燕青这个人物，是理解《水浒传》这本书及作者的关键所在。因此，我们得出结论，虽然《水浒传》没有明写燕青去哪儿了，但是已经暗写了，他一定是跟着许贯忠到哪里隐居了。

后来有人附会说，燕青带着金银珠宝跟着李师师走了，二人浪迹天涯，从此过上了幸福的生活。这都体现了人们对燕青这个角色的钟爱。

梁山好汉一百零八条，唯独在燕青这个人物上作者倾注了太多的感情，倾注了太多的期待。

到这里为止，我们从卢俊义身陷大名府、燕青上梁山搬救兵开始，连续把燕青的故事讲完了。燕青是卢俊义的义子，他的成长是离不开卢俊义的支持与帮助的，包括一身好武艺都是卢俊义传授的。卢俊义是燕青的恩人和老师。虽然两人后来没走同一条道路，但两人的根还是在一起的。我们讲了燕青，接下来还要说说卢俊义这个英雄，他是怎么当上梁山二把手的？在卢俊义上山的过程中，又发生了哪些精彩故事呢？我们下一讲接着说。

第八讲
服众的威力

领头人的能力至关重要,一个好的合格的领导,往往能够团结和带领大家,把事业红红火火地搞下去。晁盖死后,梁山的工作一直由宋江临时主持。随着卢俊义的到来,形势发生了微妙的变化。与宋江相比,卢俊义要文能文,要武能武,并屡屡为梁山事业做出重大贡献。让人意想不到的是,才能出众的卢俊义,面对宋江的再三让贤之举,始终立场鲜明,坚决反对。卢俊义身世显赫,武功超群,能力素质都不在话下,而宋江却要文没文,要武没武,上梁山前只是一个出身卑微的小吏。按理说,卢俊义有着很多宋江无法比拟的优势,然而宋江要让位卢俊义的举动立即在梁山掀起了声势浩大的反对之声。那么,大家为什么要反对?他们反对的理由又是什么呢?

总有朋友跟我讨论《水浒传》这本书里谁的武功最高。好多人都认为是河北玉麒麟卢俊义。其实,如果大家仔细研究水浒的文本的话,卢俊义只能排在第二名,有个人的武功比卢俊义还要高。那这个一等一的神秘高手是谁呢?这人唤作金剑先生李助,他是淮西王庆手下的军师,曾遇到一个江湖异人,学得一身好剑术。当年打王庆的时候,卢俊义骁勇无比杀进中军,杀散了军士来捉王庆。《水浒传》是这样描述的:"卢俊义杀散中军羽翼军兵，径来捉王庆，却遇了金剑先生李助。那李助有剑术，一把剑如掣电般舞将来。"卢俊义抵挡不住。尽管李助出场很少，这次出场足以让我们被他的武功震撼。因为卢俊义的武功非常高，一照面就能打得卢俊义不能还手，这也算是一个顶尖高手。危急时刻，后边闪出入云龙公孙胜，使一个法术，制住了李助的金剑。结果卢俊义上来，一刀将李助给斩了。

卢俊义除了这一次败绩，其他战斗都是每战必胜的，特别是到后期征辽国、征方腊，卢俊义枪挑大将，神勇无比。河北玉麒麟卢俊义傲骨英风，所向披靡，名满天下。有了这样的战斗力和影响力之后，卢俊义上梁山却遇到了十分尴尬惶惑的场面，一度进退两难，战战兢兢。为什么英雄会落到这样的地步？究竟发生了什么情况？

细节故事：元夜大闹大名府

浪子燕青的故事是从卢俊义身陷大名府开始讲的，前边几讲我们一直在讲燕青。把燕青的故事讲完了，现在还需要回过头来，说说卢俊义和石秀这条线。二好汉身陷大名府，被困在监牢之中。水泊梁山之上，宋江和吴用经过周密计划，决定利用元宵节灯会的机会营救二人。

吴用道："即今冬尽春初，早晚元宵节近，北京年例大张灯火。我欲乘此机会，先令城中埋伏，外面驱兵大进，里应外合，可以救难破城。"宋江道："若要如此调兵，便请军师发落。"吴用道："为头最要紧的是城中放火为号。你众弟兄中谁敢与我先去城中放火？"只见阶下走过一人道："小弟愿往！"众人看时，却是鼓上蚤时迁。时迁道："小弟幼年间曾到北京。城内有座楼，唤做翠云楼。楼上楼下大小有百十个阁子。眼见得元宵之夜，必然喧哄。乘空潜地入城。正月十五日夜，盘去翠云楼上，放起火来为号，军师可自调人马劫牢，此为上计。"吴用道："我心正待如此。你明日天晓，先下山去。只在元宵夜一更时候，楼上放起火来，便是你的功劳。"时迁应允，听令去了。

这段故事非常精彩，名字是：吴学究十路分兵打大名。那个年代，一没有信号弹，二没有电台、电报、电话，如果要破城必须有一个人举火为号，去高处放火，大家以火光为信才能统一行动。接下来，吴用开始分派人马攻打大名府，前后一共派了十路好汉。

这些好汉里，有三拨兄弟：毛头星孔明、独火星孔亮，二人扮成乞丐；出林龙邹渊、独角龙邹润，二人扮成卖灯的商人，看火号起，便去司狱司前策应；两头蛇解珍、双尾蝎解宝，二人扮成献猎物的猎户，都去城中埋伏，只看火起为号，便去留守司前截住报事官兵。

还有三拨夫妻：矮脚虎王英和一丈青扈三娘，菜园子张青和母夜叉孙二娘，病尉迟孙立和母大虫顾大嫂。这三对夫妻扮成乡下到城里来看灯的，只在灯会上准备放火。

又安排了两僧两道：让行者武松和花和尚鲁智深扮成云游的僧人，只在南门准备冲杀；让入云龙公孙胜带着轰天雷凌振扮成游方的道士准备城中放起号炮。

安排浪子燕青和浪里白条张顺，两人从水门进入，专门来捉拿李固并贾氏。调杜迁、宋万，扮成粜米客人，推辆车子，去城中宿歇，元宵夜只看号火起时，就去先夺东门。调李应、史进，扮成客人，去北京东门外安歇，只看城中号火起时，先斩把门军士，夺下东门，好做出路。调刘唐、杨雄，扮成公人，直去北京州衙前宿歇，只看号火起时，便去截住一应报事人员，令他首尾不能相顾。

一切都安排妥当，最重要的一路是小旋风柴进带着铁叫子乐和，让他们二人扮成军官，专门去拜访大名府的两院节级铁臂膊蔡福，让他和兄弟一起保护卢俊义与石秀的生命安全。把这些人都安排好以后，水泊梁山这十路人马陆续就下山了。

元宵节这一天，大名府像往年一样，悬灯结彩，火树银花，游人如织。留守司的衙前搭起一座鳌山，上边专门扎了一红一黄两条彩龙。这彩龙嘴里居然能吐出水来，彩龙的每一片龙鳞上都点一盏明灯。在铜佛寺前起一座鳌山，上面是一条青龙。在翠云楼前起一座鳌山，上面是一条白龙。红龙、黄龙、青龙、白龙，对应着四海龙王。整个大名府一派节日热闹的景象，家家户户都悬灯结彩，各种灯饰琳琅满目。

时迁趁着人乱，从白龙鳌山下通过，悄悄潜入了翠云楼。时迁飞檐走壁，不走大路，专走小路，不走楼梯，专爬房梁，随身带着一篮子硫黄焰硝引火之物，攀上了翠云楼。眼见到了午夜时分，时迁就放起火来。火光一起，城中十路人马抽出刀枪，喊杀起来。

这边柴进带着孔明、孔亮、邹渊、邹润在蔡福、蔡庆的接应之下到牢中救出了卢俊义和石秀，这是最重要的一件事。那边刘唐和杨雄在衙前直接用水火棍打杀了王太守。杜迁、宋万和李应、史进，夺得东门，把守住了。三对夫妻把几个鳌山都点着了。

当梁山好汉潜入大名府开始动手之际，李固嗅出了气氛不对。奸人都心眼多，李固觉得有问题要出事。他跟贾氏商量了一下，收拾一些细软，两个人就悄悄溜出了卢府，要走水路逃跑。没想到，梁山早有准备，水路上正埋伏着浪子燕青和浪里白条张顺。张顺在岸上捉了贾氏，燕青在船上捉了李固，把这一对奸人都捉拿了。大名府的梁中书一看形势不对，在闻达、李成的保护之下，向外冲杀。梁山里应外合，城里有十路好汉，城外还有八路兵马，林冲、关胜、杨志、花荣、李逵，这些人铺天盖地杀来。梁中书在手下人的保护下拼死冲杀，夺得一条性命，弃城而走。水泊梁山里应外合攻破了大名府，救出了卢俊义和石秀二人。随后，吴用这边安排人救火，那边开仓拿出钱粮分给老百姓。大名府战役宣告顺利结束。

卢俊义跟着众好汉二次上了梁山。第一次是作为对手跟梁山进行战斗的，第二次已经是盟友了。二次上山，山还是那座山，路还是那条路，但人已经不是当年那个人了。

经历了这一场灾祸，卢俊义的性格有着很明显的改变。

上了梁山见到宋江以后，宋江纳头便拜，卢俊义慌忙答礼。两个人有一段特别有趣的对话。宋江首先亮出来的还是标准的宋氏表白，宋江是这么说的:"我等众人,欲请员外上山,同聚大义。不想却遭此难,几被倾送,寸心如割!皇天垂祐,今日再得相见,大慰平生。"看宋江这套路,张嘴就来,四字一组,说得特别感人。卢俊义也不含糊,也是张嘴就来。卢俊义说:"上托兄长虎威,深感众头领之德。"大家注意,宋江没参加大名府战役,所以卢俊义说"上托兄长虎威",既感谢了宋江,又感谢了具体工作人员。接着卢俊义说:"深感众头领之德,齐心并力,救拔贱体,肝胆涂地,难以报答!"通过这两句话,我们可以看到:经历人生的波折,不长的时间之内,卢俊义的性格发生了很大的变化,他从一个清高狂傲的富翁突然变成了一个贴心贴肺的好兄弟。遇事长本事,遇人长经验,没有点人生的起落沉浮,一个人是很难成长起来的。卢俊义从当年骄傲的富翁已经变成了懂得人生艰辛的沧桑人士。

接下来宋江还是那一套,请卢俊义为山寨之主,宋江要让位。卢俊义说:"卢某是何等之人,敢为山寨之主!若得与兄长执鞭坠镫,愿为一卒,报答救命之恩,实为万幸。"看看,卢俊义其实也会谦虚低调。

卢俊义身世显赫,武功超群,能力素质都不在话下,而宋江要文没文、要武没武,上梁山前只是一个出身卑微的小吏。按理说,卢俊义有着很多宋江无法比拟的优势,然而宋江要让位卢俊义的举动立即在梁山掀起了声势浩大的反对之声。

第一个跳出来的总是李逵,很多人就觉得宋江跟李逵这套路也很深,永远都是宋江谦虚低调,李逵拍桌子、瞪眼睛。李逵跳出来嚷道:"哥哥若让别人做山寨之主,我便杀将起来!"说完之后拿一对大环眼就瞪卢俊义。那面武松也叫道:"哥哥只管让来让去,让得弟兄们心肠冷了!"这话说得狠啊,让别人做山寨之主,别人指的是谁?当然就是卢俊义。卢俊义赶紧表态:"若是兄长苦苦相让,着卢某安身不牢。"通过这段话,我们总结卢俊义在梁山的处境,那叫寄人篱下,无家可归,表面阳光,内心惶恐。卢俊义自己也明白这个,所以赶紧表态。

关键时刻,吴用出来和稀泥了。李逵是个抡板斧的,吴用是个和稀泥的,武松就是个敲锣边的,这角色分配得很清楚。吴用说:"且教卢员外东边耳房安歇,宾客相待。等日后有功,却再让位。"各位注意,宾客相待,这四个字说得给力。卢俊义现在已经无家可归,家破人亡,没有退路,上梁山之后也只算一个外来的客人。所以,通过这句话,我们能感觉到卢俊义好可怜、好委屈、好无奈。卢俊义上梁山跟别的人有一点不同:林冲、武松、鲁智深上梁山,这都叫逼上梁山,官逼民反,民不得不反;卢俊义不是,好端端大名府一个首富,万贯家财,锦衣玉食过着好日子,结果由于迷信算卦,千里出行,身陷梁山,家里被题了反诗,身边人合谋陷害,身陷大牢,命悬一线,最后上了梁山。

直接导致卢俊义上山落草的大概有四个因素:第一,吴用设套;第二,官府欺压;第三,李固阴险;第四,自己糊涂。在这四个因素中,卢俊义自己糊涂是最主要的因素。卢俊义有四件事不该做。哪四个不该呢?卢俊义后来也有反省。在大名府的牢里被打得遍体鳞伤,叫天天不应,叫地地不灵,卢俊义手抓铁窗,掉着眼泪在那儿唱:一不该轻信算卦,弃家远走;二不该傲慢自大,单挑梁山;三不该用人失察,重用李固;四不该忠奸不分,错怪燕青。

《左传》中有一句话:"福祸无门,唯人所召。"不管是好事还是坏事,全都是人的行为自己造成的,卢俊义今天落到这一步,很重要的原因都是他的行为造成的。关于"福祸无门,唯人所召",历史上有很多典故,比如史书上就记载了蜀国灭亡的故事。秦惠王一直想灭亡蜀国,可是崇山峻岭,道路不通。大家知道蜀道难,难于上青天,所以秦国大军没有道路去攻蜀。怎么办呢?秦惠王就想出一个办法,找石匠做了五头石牛,在牛屁股上塞了黄金,以此来迷惑蜀人。蜀人贪财,就觉得这牛是神牛,屁股能屙金子。可这神牛运不回成都怎么办?于是,蜀人就找大力士来运牛,一路上逢山开道,遇水搭桥,修了一条运牛的道路。等蜀人把这五头牛运回去之后,秦国大军沿着这条道路随后掩杀,一下就灭了蜀国。这真的是"福祸无门,唯人所召",蜀国人的贪心和糊涂招来了灾祸啊!

> **智慧箴言**
>
> 在人生当中，很多风险是没法预期的，一个人要学会用内部的确定性去应对外部的不确定性，坚持原则，提高修养，保持清醒，管住自己的坏脾气、坏情绪，不能防范风险，可以防范自己，不能控制风险，但要控制自己。

一次倒霉是偶然，次次倒霉的人一定有一个倒霉的性格。卢俊义当年狂妄自大，这种错误的傲慢性格葬送了他的好日子。

卢俊义上山了，宋江要让位，但是形势在那儿摆着呢，人家的基业、人家的事业，众家兄弟没有一个人同意，你怎么敢接盘呢？李逵闹起来，大板斧在手，说剁就剁，所以卢俊义必须谦让。

一个单位要想良性发展，领头人至关重要。宋江虽然长相平平，武功平平，但他有着超乎常人的组织管理能力，梁山众多头领人人敬仰、个个服气，初来乍到的卢俊义几乎没有任何替代的可能性。然而，就在一切似乎已经尘埃落定的时候，又出现了一个巨大的变数。卢俊义有本事啊，上梁山不久就大战曾头市，活捉史文恭，立下大功。这个大功立刻引发了水泊梁山权力领域中新的矛盾。其实，梁山的权力结构一直存在三个问题：一是模式问题，二是资格问题，三是分工问题。接下来，我们逐一分析一下。

问题一：解决模式问题，在推和授之间找平衡

卢俊义活捉史文恭，为梁山解了新仇旧恨。为什么说梁山和史文恭有新仇旧恨呢？话说金毛犬段景住盗得大金国太子的马，名叫"照夜玉狮子"，要献给梁山，不料中途被曾头市夺了。晁盖气不过，带人去打曾头市，结果中了毒箭，一命归西，这是血仇。还没等报这旧仇呢，新恨又添了：水泊梁山派人在北地买了二百多匹好马要组建自己的骑兵部队，没想

到，被一个唤作郁保四的抢马贼把这二百匹马给夺了，接着都献给了曾头市。一时之间，新仇旧恨都爆发了。

宋江和吴用组织人马攻打曾头市。曾头市也不含糊，要兵有兵，要将有将。曾长官有五个儿子，号称曾家五虎；而且有两员大将，一个是教师史文恭，一个是副教师苏定。曾头市安排了五个大寨，曾家一个儿子把守一个，抵挡梁山的人马，梁山相应安排了五路人马攻打曾头市。

战斗大概分成三个阶段。第一阶段，双方斗智斗勇，有陷坑、有阵仗、有单挑、有火攻，打得热热闹闹。梁山这边，李逵中箭受伤了。曾头市那边，两个儿子被打死了。最精彩的一幕是史文恭枪挑霹雳火。梁山五虎大将霹雳火秦明挥舞狼牙棒来战史文恭，不到二十个回合，被史文恭一枪挑于马下。大家可以看到，史文恭的武功是非常高的，那秦明何等人，五虎大将，几个回合就被史文恭给挑了。第一阶段，双方互有胜负，曾头市的损失稍大一点。

第二阶段，梁山援兵不断到来，曾头市要讲和，答应把马都献出来，另外还要供应粮草。水泊梁山将计就计，假意讲和，接受了曾头市的讲和条件，顺道就派一些人进了曾头市做内应。另外说服了郁保四归顺，策反了他，让他在里面做内应，里应外合大破曾头市。

郁保四传递了一个假消息，引诱史文恭带着人来劫梁山的大寨。等史文恭带着主力奔袭梁山大寨的时候，梁山的主力回过头来掏了曾头市的老窝，乘虚而入，占领他的后方。吴用这个计谋唤作"番犬伏窝"之计。这计策很成功，一番混战之后，曾家五虎战死，曾长官自杀，苏定被乱箭射死，梁山大获全胜，只逃脱了一个人，就是史文恭。史文恭枪法好、武功高，马也给力。这匹照夜玉狮子快如闪电，驮着史文恭趁乱杀出重围，一直跑出二十多里，逃离了战场。但是，周围黑雾遮天，分不清南北，史文恭迷路了。正在寻找之际，路边的树林里突然杀出一拨人马，有四五百人，为首的正是玉麒麟卢俊义和浪子燕青。

为什么这两个人不上主战场，却在路边埋伏呢？这个事还真值得琢磨一下，这都是吴用的安排。本来宋江要安排卢俊义上战场去跟史文恭单挑的，因为在梁山当中，能跟史文恭单挑的大概也就是林冲、卢俊义。但是吴用说，卢员外刚刚上山，不识战阵，不适合上战场打野战，不如给他五百小喽啰在路边埋伏，而且这路边离主战场二十多里地。通过吴用的安排，明眼人一下就能知道，这就是故意不想让卢俊义活捉史文恭。如果卢俊义活捉了史文恭，他不就成山寨之主了吗？吴用借用自己调兵的权力就把卢俊义给安置到战场之外了。有心栽花花不开，无心插柳柳成荫，真是人算不如天算，偏偏卢俊义的埋伏之地正是史文恭逃跑的必经之地，双方相遇了。

燕青使一条杆棒纵身跳过来，抡棒便打马腿。他以为打个马腿，史文恭翻身落马，现场活捉了，我家主人第一功劳。但燕青把这事想简单了，史文恭那马是千里神驹。这马见棒子打来，一闪身躲过，嘶叫一声，"嗖"的一下，从燕青头上跳过去了。你想一想，燕青也一米七多呢，这马一跳就跳过去了，练过跨栏，跳越障碍。卢俊义随后追杀，史文恭落荒而逃。但是，由于道路不熟，不辨南北，史文恭一边跑一边左转、左转、左转、左转。一抬头，哎？前面又是燕青、卢俊义，史文恭又原路返回了。这找不着方向是硬伤啊！卢俊义挺着朴刀就上来了，两个人对打了吗？很简单，《水浒传》第六十八回"宋公明夜打曾头市，卢俊义活捉史文恭"只有一句描述：卢俊义挺刀上来，腿股上只一刀搠下马来，一个回合啊，都没有交手，就把史文恭给活捉了。各位可以想象一下，卢俊义这功夫确实高。史文恭跟秦明二十多个回合，能枪挑秦明于马下，而卢俊义一个回合，史文恭没等还手，就被搠下马了，绳捆索绑给活捉了。至此，卢俊义立下大功一件，曾头市战役顺利结束。回到山寨忠义堂上，都来参见晁盖之灵。宋江传令，教圣手书生萧让，作了祭文；令大小头领，人人挂孝，个个举哀。将史文恭剖腹剜心，享祭晁盖已罢，宋江就在忠义堂上，与众弟兄商议，立梁山泊之主。卢俊义立了大功，同时给宋江出了一个大难题！

按照一般惯例，一把手退休、调离，或者死亡，由二把手接替是很自然的事。不知道晁盖是怎么想的，或许是他了解宋江，看穿他有归顺朝廷之意，不大愿意把梁山交给宋江掌管吧，他在临死前留下遗言："若那个捉得射死我的，便叫他做梁山泊主。"晁盖的这个遗言显然带有很大的不确定性：一是时间不确定，晁盖是攻打曾头市时被史文恭射死的，而梁山什么时候能攻下曾头市、抓住史文恭，甚至能不能抓得住都是未知数；二是人不确定，梁山泊那么多英雄豪杰，有本领抓住史文恭的大有人在。马军中林冲、秦明、呼延灼、花荣，步军中武松、鲁智深、李逵，水军中阮氏兄弟、张顺、李俊等都是有可能活捉史文恭的。和这些人的武功相比，宋江算得了什么，他根本就不是史文恭的对手。

　　晁盖的确给宋江出了个难题，也给梁山出了个难题。

　　宋江的"难"，在于他想坐第一把交椅、当老大，还要当得名正言顺，就必须抓住史文恭，而这对他来说几乎没有可能。梁山的"难"，在于晁盖的这个遗言很具偶然性。到底谁能抓住史文恭呢？两军交锋，必然混乱一片，在这种情况下参战的将领、兵卒，任何人都有可能抓住史文恭。如果让李逵，或者一个普通的将校抓住了呢？能让一个不具备领导能力的人做一寨之主吗？这未免太随意、太草率了。

　　卢俊义上山后，梁山再次攻打曾头市。卢俊义为报救命之恩，主动请缨领兵出战。这个时候，作为宋江心腹的军师吴用担心卢俊义抓住史文恭，按照晁盖遗言坐上第一把交椅，便出主意不让卢俊义打前阵，"叫卢员外带同燕青，引领五百步军，平川小路听号"。吴用的安排用意十分明显，他知道卢俊义"武功盖世，棍棒天下无双"。你卢俊义再厉害，我不给你这个机会。然而，天算不如人算。没有想到，梁山五路兵马打下了曾头市，偏偏史文恭从西门逃跑时被埋伏在这里的卢俊义逮了个正着。

　　接下来忠义堂上陷入了一个非常尴尬的局面，到底谁当老大？天王晁盖死的时候，白纸黑字遗嘱写的是，不论是谁，活捉史文恭者为梁山之主。现在卢俊义活捉了史文恭，事实在这儿摆着呢，请问让不让人家当老大？吴用瞅瞅宋江，宋江瞅瞅吴用。吴用先说话了："兄长为尊，卢员外为次,其余众兄弟各依旧位。"

宋江说:"向者晁天王遗言:'但有人捉得史文恭者,不拣是谁,便为梁山泊之主。'今日卢员外生擒此贼,赴山祭献晁兄,报仇雪恨,正当为尊,不必多说。"

其实,宋江也挺无奈的。他为什么无奈呢?因为宋江自己是捉不着史文恭的,要能捉自己早捉了。卢俊义功夫高,活捉史文恭,宋江没办法,眼睁睁看着这一把手让人家当了。

不过,卢俊义当场表态:"小弟德薄才疏,怎敢承当此位!"卢俊义和宋江都陷入了很尴尬的处境中。

有人把这个场景称为"宋卢争权"。其实,我觉得卢俊义就没争,一直在让。水泊梁山的权力模式一直有两种:一种叫推,另一种叫授。

所谓推的模式,就是兄弟们一起推选一个人,让他来掌这个权力。

所谓授的模式,就是领导设定标准,指定接班人,点名让他来掌这个权力。

晁盖自己当老大,走的就是推的模式。火并王伦以后,众兄弟一起推举晁盖为梁山之主。但晁盖临死启动了另一个模式,他提出"谁给我报仇谁是梁山之主"。按理说一把手去世,二把手顺理成章接班,晁盖却改变了这种接班的模式。这里面的原因恐怕只有一个,就是他不想让宋江当老大。晁盖设定的标准本身就排斥了宋江。史文恭什么功夫?可以枪挑秦明。宋江什么功夫?郓城县杀阎婆惜的时候被个老太太扭住了,还一番厮打。这属于连楼下大妈都打不过的水平,怎么能活捉史文恭?

说到捉史文恭这个任务,从真正的本事来讲,英雄好汉中只有林冲一个人具备这个基础。林冲和卢俊义都是史文恭的师兄,师兄打师弟,一打一个准儿。如果没有卢俊义上山,十有八九是林冲当老大。那晁盖的意思就是,林冲有人脉基础,有江湖名声,再加上一身好武艺,捉了史文恭,他就是梁山之主。

所以有人就说,宋江为什么非要让卢俊义上山,就是让一个没有背景的人捉史文恭,代替林冲,然后以自己的背景再一拼,把对方拼下去,自己就能当老大了。当然,这个心机就更深了,存在这个可能性,但是作者并没有在书中挑明了写。我们清晰看到的只有一条,就是晁盖的接班标准,确实给宋江带来了非常尴尬的局面。

按照授的模式,那卢俊义理所当然是山寨之主;按推的模式,宋江毫无疑问是山寨之主。选了卢俊义,兄弟们不甘心,说实话,宋江自己也不甘心。但是,如果就这么直接忽略卢俊义,不遵晁天王遗嘱,这样做有违义气之名,宋江的名声和影响力都会受影响。

不过,现在宋江也有机会,这个机会就是众兄弟并不支持卢俊义。宋江要做一件事,就是把领导授权的模式再次改回众人推选的模式,只要改完这个,自己顺理成章就是老大。那么要改这模式,从哪儿找突破口呢?这个突破口就是"要谈资格"。

问题二:解决资格问题,在出众与服众之间找平衡

接下来宋江讲了三条理由,强调自己有三点不如卢员外之处。

第一点,形象差。自己身材黑矮,貌拙才疏,员外仪表堂堂,有贵人之相。宋江的意思是,我这形象也就演个小品,卢员外才是演男一号的。

第二点,背景差。宋江说自己出身小吏,犯罪在逃,而员外出身豪门,河北首富,名满天下。

第三点,专业差。宋江说自己文不能安邦,武又不能服众,手无缚鸡之力,身无寸箭之功。员外力敌万人,通今博古,天下谁不望风而降!

宋江说卢俊义当领导有三好:第一,形象好;第二,背景好;第三,专业好。

你们还是让他当吧。宋江谈得很诚恳,他把问题抛给了众家兄弟。

在大家狐疑之际,吴用再一次表态。你看,吴用跟宋江这个双簧、这个段子演得很不错,宋江当甲,吴用当乙。吴用立刻接话:"兄长为尊,

卢员外为次，人皆所伏。兄长若如是再三推让，恐冷了众人之心。"

这句话很明显地告诉我们，什么人能当领导？能让大家心服口服的、能服众的人当领导，得人心的人当领导。别看他形象好、背景好、专业好，不能得人心一样不能当老大。

吴用一语道破天机，只有能得众人之心的人才能当领导。卢俊义很出众，但是宋江能服众，出众的人叫骨干，服众的人那才叫领导，不能把这件事搞颠倒了，搞颠倒了后果不堪设想。

现代人经常会陷入一个思维误区，往往觉得这个人青年才俊，一身好本事，特别出众，选他当领导吧。错了，选领导得选那个人人敬仰、个个服气的。有人问了：为什么非得服众的人当领导？难道出众的人当领导就不行吗？接下来的一段对话给我们展示了后果。

第一个跳出来表态的是李逵。李逵说："我在江州，舍身拼命，跟将你来，众人都饶让你一步。我自天也不怕，你只管让来让去做甚鸟！我便杀将起来，各自散火！"

第二个表态的是武松。武松说："哥哥手下许多军官，受朝廷诰命的，也只是让哥哥，他如何肯从别人？"

第三个表态的是刘唐，他替梁山当初的创业团队说话。刘唐说："我们起初七个上山，那时便有让哥哥为尊之意。今日却要让别人？"

第四个表态的是鲁智深。鲁智深说："若还兄长推让别人，洒家们各自都散！"

四种表态代表着四种结果：如果你不让服众的当领导，让出众的当了领导，李逵型的结果就是内斗，武松型的结果就是不听指挥，刘唐型的结果就是各立山头，鲁智深型的结果就是一哄而散。无论哪个结果都是梁山无法承受的。

这次沟通之后，大局已定，所有的理论问题和实际问题都解决了，宋江当一把手，卢俊义当二把手。形势已定，必须是宋江当领导。然而，宋江不会就这样简单地顺从"众意"，他既然已经取得了"民意"，还必须有个可听从的"天意"作为自己没有违背晁盖遗言的理由。取得了"民意",还必须顺从"天意",这样才能确保以后的领导权威性与合法性,宋江不愧是"吏道纯熟"。那么,宋江是怎么安排"天意"的呢?他出了个主意,说要不然这样吧,山寨正缺钱粮,我们分兵两路,我带一路人马,卢员外带一路人马,去打东平府和东昌府,谁先能打下来,谁当梁山之主。

在以吴用为首的众多头领看来,相比卢俊义,宋江无疑更适合当梁山的一把手,可是面对宋江一再的让位之举,大家一时又无计可施。而宋江提出了两人分兵出击,以取胜快慢来决定头领之位的建议。这个建议让军师吴用终于想到了一个好办法,那么这个办法能顺利地解决梁山的管理权问题吗?这就引出了水泊梁山权力结构的第三个问题——分工问题。

问题三:解决分工问题,在分与合之间找平衡

卢员外和宋江分兵去打东平府、东昌府。在这分兵战斗的过程当中,有三个点大家要关注:一个玄机,一个难处,还有一个策略。

(1)一个玄机。分兵时,吴用把自己和公孙胜都分给了卢俊义,可是打仗的时候,吴用也不用心机,公孙胜也不使法术,两个人都无所作为。后来,吴用干脆跑到宋江那里出谋划策了。因此,我们能看出来,吴用这么分配,一方面是成全宋江,另一方面是牵制卢俊义,控制他的进度,不让他首先战胜,这叫一个玄机。

(2)一个难处。卢俊义已经看明白了,大家都不想让我当老大,我也不想当,当副职挺好的。因此,在战斗过程中,卢俊义必须让宋江先取得成功。可是,大家知道,下棋难在哪儿,难在让别人赢的同时,还要让得不显山、不露水,这个挑战太大了。战场形势瞬息万变,我们不能胜利,也不能失败,不能损失太大,还不能比哥哥进度快。这个火候非常难拿捏,这叫一个难处。

(3)一个策略。这个策略就是两个好汉不能一起合作,英雄必须分

兵。东平府、东昌府的战斗顺利地成功了，还收了双枪将董平和没羽箭张清。宋江当然是大获全胜，顺理成章地当上了一把手，卢俊义也安安稳稳地当上了二把手。梁山的权力之争，在模式问题、资格问题、分工问题都解决完之后，算是顺利解决了。

不过，从此以后，梁山每次重要的任务都奉行了这个套路，就是宋江带着吴用领一支人马往东，卢俊义带着朱武领一支人马往西。

为什么每次都要英雄分兵？一开始我不太明白，不是说了要集中优势兵力打歼灭战吗？我们得攥成拳头啊，后来我终于明白这事了。

野史记载：蒙古马能负重，大宛马善奔跑。某家恰养有大宛、蒙古二马，食则同槽，卧则同厩，然每每相互踢咬。主人不胜其恼，求之伯乐。伯乐瞥之，谏以分槽喂养。主人自此轻松驾驭，家业遂兴。

关于英雄分兵，管理学专门有说法，两匹千里马不能一个槽吃草，两个能人不能同时执行一个任务。这千里马有本事、有能力，互相看不上，互相要攀比。一个槽里吃草，一个车上拉车，那结果就是不光不出业绩，而且带来内斗和内耗。因此，对能人一定要分工清晰，责任一交叉准会带来内耗。两大天王是好朋友，同一个体育馆开演唱会，那粉丝能打出人命来。俗话说，英雄不见面，好汉不碰头。两个千里马就应该中间打个隔断，分槽喂马。

我们把管理对象大概分成两类：

一类是又有能力又有态度，可以独当一面的成熟员工；

另一类是既没能力也没态度，不能独当一面的不成熟员工。

智慧箴言

> 对于不能干也不想干的，一定要安排几个人负责一个任务，在竞争中促进成长；而对于能干又想干的，就要分工清晰，各管一段。

文学作品来自生活，来自社会实践，水泊梁山的故事体现了梁山团队的管理思想，也展示了中国古代的民间文化、传统文化中蕴含的高明的管理策略。

智慧箴言

> 带队伍的时候能用制度手段，叫管理技术；能用心理手段，叫管理艺术。普通人用技术，要想管高人，就得有点艺术。

水泊梁山十万大军，一百零八条好汉，管十万大军用的是技术，但是管一百零八条好汉用的是艺术。

梁山的权力斗争安安稳稳地度过之后，卢俊义就坐稳了二把手。关于卢俊义上山，《水浒传》里还有一个特别有趣的描述，叫卢俊义大骂宋江。很多读过原著的人可能都不知道这一段，《水浒传》的第八十五回是这样描写的：朝廷派宋江作为平北的先锋去征辽国。结果宋江使了一个诈降之计，自己在城里当卧底，卢俊义带着部队在城外攻城。双方见面的时候，宋江站在城上，假意说服卢俊义投降。卢俊义在城下拿枪点指宋江，开腔就骂。

卢俊义这个压抑的二把手终于有机会骂老大了。卢俊义说："俺在北京安家乐业，你来赚我上山。宋天子三番降诏招安我们，有何亏你处！你怎敢反背朝廷！你那黑矮无能之人，早出来打话，见个胜败输赢。"这几句话说得解气呀！虽然说是诈降，但卢俊义的这几句台词或许也是他真实的想法。

别人都叫逼上梁山，卢俊义是被赚上梁山，完全是梁山设套把他套住的。《水浒传》里说，卢俊义在大名府锦衣玉食，有一个海阔的家业。本来卢俊义是河北首富，富贵安乐，加上一身好武艺，黑白两道都不用结交，傲骨英风，傲视天下群雄，他怎么能瞧得起梁山落草呢？偏偏宋江跟吴用设套，把他给陷进了大牢里，命悬一线，家破人亡，最后没办法上了梁山。

梁山是个小社会，山头林立，人际关系复杂。卢俊义半路上山，没有什么积累，没有什么特殊的背景，在梁山作为二把手，他只能谨小慎微，谨言慎行。不过还好，卢俊义表现算是不错的。有人感叹，卢俊义不光委屈，而且还很孤独。其实，仔细想一想，卢俊义并不孤独，他在梁山上也有自己人。浪子燕青不用说了，另外卢员外还有一位重要的好朋友，就是拼命三郎石秀。卢俊义为什么跟石秀能成为生死之交呢？因为拼命三郎石秀是卢俊义的救命恩人。当初卢俊义身陷大名府，十字街头开刀问斩，没有人来搭救卢俊义。生死关头，石秀一个人跳楼劫法场。后来两个人身陷大名府，都被抓进大牢，受尽酷刑，这叫同甘苦、共患难。因此，卢俊义跟石秀关系是非常好的，仅次于燕青。

有人曾评价，石秀一个人单挑大名府的千百军马，十字街头跳楼劫法场，这好比是赵子龙大战长坂坡，真正一身是胆，不愧为拼命三郎。确实，看过《水浒传》的朋友对石秀印象深刻，大英雄身上的武功、勇气、计谋都让我们特别佩服。那么，英雄好汉石秀是怎样上梁山的，在他的身世背后又藏着怎样曲折的故事呢？我们下一讲接着说。

第九讲

杨雄的烦恼

在当今社会快节奏的生活中,每个身处工作岗位的人都会有烦恼。工作与生活的平衡、家庭和朋友关系的维系、个人的巨大压力和安全感的缺失,这些都是现代职场人十分常见的问题。《水浒传》里的杨雄就遇到了这样的烦心事,而这件事最终令他身陷囹圄,被逼上了梁山。那么,杨雄究竟遭遇了什么,他又能给现代的职场人带来怎样的启示呢?

中国文化有一个非常有趣的现象,在英雄故事的传播过程中,会形成一些跟英雄相关的成语广为流传。三国人物,比如刘备三顾茅庐、曹操望梅止渴、孔明鞠躬尽瘁、关云长单刀赴会、赵子龙一身是胆。《水浒传》里也出了二百五十多个成语,比如林冲逼上梁山、时迁飞檐走壁。水泊梁山一百零八条好汉中,有一个人的绰号直接就成了成语,这个人就是拼命三郎石秀。"拼命三郎"是个成语,它专门形容两种人:

第一种人,打仗不怕死、勇猛顽强的人;

第二种人,做事不怕困难、竭尽全力的人。

梁山水泊藏龙卧虎,人才辈出,但绰号直接成为成语故事的,只有石秀这一例。石秀是江南金陵建康人,自幼父母双亡,流落蓟州卖柴度日,有一身好武艺,又爱打抱不平,外号"拼命三郎"。石秀的人生中,两次路见不平、拔刀相助改变了他的一生。前面我们已经讲过一次了，就是"跳楼劫法场"。卢俊义被困大名府即将被杀头，石秀一人跳楼劫法场，救了卢俊义的性命；因为不认识城中的道路，为梁中书所拿，与卢俊义一同被打入死牢。一个人面对千军万马毫不畏惧，跳楼劫法场，这股劲头真的不折不扣就是拼命三郎。还有一次路见不平、拔刀相助的经历也对石秀的人生产生了深远的影响。接下来，我们就来讲讲这一次打抱不平的经历。

细节故事：石秀长街救杨雄

石秀原籍为金陵建康府，随叔父到北地倒卖羊马。不巧叔父中途病死而生意亏本，石秀便流落到蓟州，靠打柴为生。这一日，石秀在山上打得一担柴，挑到蓟州的市面上沿街叫卖，一抬头发现，对面锣鼓喧天来了一帮人。

前边是两个狱卒，拿着花红礼物、绸缎布匹，后面青罗伞盖之下罩定一条好汉。这条好汉身材魁梧，英姿飒爽。《水浒传》是这样描写的，"蓝靛般一身花绣，两眉入鬓，凤眼朝天，淡黄面皮，细细有几根髭髯"。这人是谁呢？是蓟州府两院的押狱，市曹的行刑刽子手，唤作病关索杨雄。

杨雄绰号病关索，我们稍微分析一下。关索据说是关公的儿子，武艺高强，名满天下。两宋年间人们很崇拜关羽，很多人的绰号里都带关索这个名字。那么前面这个病字什么意思呢？不是得病的病，病关索如果是发烧感冒得病的关索，那就不叫一个绰号了。这个病字是个动词，病关索的意思是让关索都头疼的人。类似的还有一个，病大虫薛永，意思是让老虎都头疼害怕的人，而不是得病的老虎。

病关索杨雄在刑场上刚刚斩首了一个犯人，这些相识的人给他披红戴花，要送他回家。半路上遇到一帮人，这些人给杨雄敬酒，正在这儿喝酒。石秀就想一低头过去算了，你们过你们的好日子，我过我的苦日子，大家谁也不理谁。

结果，石秀正准备要过的时候，突然出现了一个意外情况。

从那边小巷里走出来七八个军汉，为首的一个唤作踢杀羊张保，是蓟州城里守城的军汉。这些人都吃得半醉。平时看病关索杨雄一个外来人在这蓟州混得风风光光，要风得风，要雨得雨，这些人心里都有点不服气，今天吃了两杯酒，借着酒劲要来捣乱。

为首的张保分开人群，钻到杨雄面前。一个"钻"字体现了张保的为人品行，以及他的心怀鬼胎。杨雄见到张保挺客气，打招呼说："大哥来吃酒。"张保说："我却不吃酒，今天想跟你借百十贯钱花花。"杨雄摇摇头说："你我虽然相识，但一向无财物往来，怎好借钱给你？"

日常生活中如果有人向我们借钱，我们不想借，应该怎么办？方法很简单，如果是陌生人，就直接拒绝他，说法像杨雄这样就可以——我们不熟悉，又没有钱财往来，我真的没有多余的钱借给你。如果你手头紧，我这有五十块钱，你打个车回家吧，钱我也不要了。这就是直接拒绝。

如果是熟人呢？我们得委婉拒绝，那就要讲语言策略了。要点有三个：第一，讲理解；第二，讲苦衷；第三，讲出路。讲理解的时候要说：兄弟你最近不容易，如果我手头有钱，我愿意借给你。接着讲苦衷：可是我现在也没钱，家里刚交完房子首付，每月还要还月供，睁眼就欠人家几千块钱，我也难啊！最后，再给他指出路，要不然您跟我一样，咱们都借点银行贷款，将来有钱了，大家再帮你还嘛。委婉拒绝，一定要讲出路。

杨雄跟张保也就是混个脸熟的陌生人，所以不用讲技巧，直接拒绝。张保急了："你今日诈得百姓许多财物，如何不借我些？"杨雄说："这都是别人与我做好看的，怎么是诈得百姓的？你来放刁！我与你军卫有司，各无统属！"这句话很重要。杨雄提醒张保，咱俩没有任何行政关系，不存在级别高低，没有利益纠葛，你不要来打扰我。张保急了，借着酒劲，招呼一帮人上来就抢东西，把那些绸缎布匹都抢在手里。杨雄大怒，喝了一声"怎敢撒泼"，上来就要打。张保这帮军汉不是等闲之辈：第一，有武功在身；第二，喝点酒，胆子大；第三，有预谋。

见杨雄要动手，张保上来劈胸带住杨雄，另外有两个军汉上来一左一右抱住杨雄的胳膊，四个人扭在一起。杨雄空有一身好本事，施展不出来。杨雄身边这些小牢子一看形势不对，转身都跑了。混战当中，眼见好汉杨雄就要吃亏，这一切都被石秀看在眼里。石秀又叫拼命三郎，专爱路见不平，拔刀相助。石秀放下柴担，上来就劝："你们因甚打这节级？"张保根本就没瞧得起石秀，恶言恶语上来就骂："你这打脊饿不死冻不杀的乞丐，敢来多管！"恶人恶口，言是心声，一个人如果张嘴就是恶言恶语，那一定不是什么良善之辈。石秀这火腾一下就起来了，大英雄两眼圆睁，攥拳在手。石秀好功夫，将张保劈头只一提，撷翻在地。那几个帮闲的见了，却待要来动手，早被一拳一个，都打得东倒西歪。杨雄解脱了双手，也施展出一身好本事，打得这帮泼皮无赖抱头鼠窜。张保一看形势不对，转身就跑。杨雄说你慢走，把东西放下，回身就追，一边追一边打。双方就走进了小巷中。

这边有梁山好汉神行太保戴宗和锦豹子杨林路过蓟州，二人亲眼看见石秀路见不平拔刀相助的场景，禁不住赞叹石秀真英雄也。于是，两个人一商量，就准备请石秀喝酒，邀他上梁山入伙。结果还没等把话说清楚，杨雄那边带着二十多个做公的公差就来寻石秀了。梁山好汉怕在公差面前暴露身份，所以戴宗、杨林赶紧撤了。

石秀起身迎住道："节级，那里去来？"杨雄便道："大哥，何处不寻你，却在这里饮酒。我一时被那厮封住了手，施展不得，多蒙足下气力救了我这场便宜。一时间只顾赶了那厮，去夺他包袱，却撇了足下。这伙兄弟听得我厮打，都来相助，依还夺得抢去的花红段匹回来，只寻足下不见。却才有人说道：'两个客人劝他去酒店里吃酒。'因此才知得，特地寻将来。"石秀道："却才是两个外乡客人邀在这里酌三杯，说些闲话，不知节级呼唤。"杨雄大喜，便问道："足下高姓大名？贵乡何处？因何在此？"石秀答道："小人姓石名秀，祖贯是金陵建康府人氏。平生性直，路见不平，便要去舍命相护，以此都唤小人做拼命三郎。因随叔父来此地贩卖羊马，不期叔父半途亡故，消折了本钱，流落在此蓟州卖柴度日。"

杨雄看石秀时，果然好个壮士，生得上下相等。有首《西江月》词，单道着石秀好处。但见：

身似山中猛虎，性如火上浇油。心雄胆大有机谋，到处逢人搭救。全仗一条杆棒，只凭两个拳头。掀天声价满皇州，拼命三郎石秀。

杨雄便道："石家三郎，你休见外。想你此间必无亲眷，我今日就结义你做个弟兄，如何？"石秀见说大喜，便说道："不敢动问节级贵庚？"杨雄道："我今年二十九岁。"石秀道："小弟今年二十八岁。就请节级坐，受小弟拜为哥哥。"石秀拜了四拜。杨雄大喜，便叫酒保："安排饮馔酒果来！我和兄弟今日吃个尽醉方休。"

正在高高兴兴喝酒的时候，那边一阵喧哗，杨雄的岳父老泰山潘公带了七八个大汉前来助战。杨雄这位老丈人也不是省油的灯，听说自己的门婿跟人厮打，没有帮手，特地带几个人来帮女婿打架。

杨雄对岳父说："多谢这个兄弟救护了我，打得张保那厮见影也害怕。我如今就认义了石家兄弟做我兄弟。"潘公叫："好，好！且叫这几个弟兄吃碗酒了去。"杨雄便叫酒保讨酒来，众人三碗吃了去。便教潘公中间坐了，杨雄对席上首，石秀下首，三人坐下，酒保自来斟酒。潘公见了石秀这等英雄长大，心中甚喜，便说道："我女婿得你做个兄弟相帮，也不枉了！公门中出入，谁敢欺负他！"

这句话背后有些玄机，我们来分析一下。

杨雄在蓟州的行政职务是两院的押狱，就跟当年神行太保戴宗在江州的那个级别和身份是一样的。大家看闹江州那一段，神行太保戴宗也算当地一个人物，说话豪横，办事洒脱，说发狠就发狠，跺跺脚地也颤悠。杨雄在蓟州和戴宗是一样的职务，要身份有身份、要资源有资源，职场成功人士。可是，你看杨雄这个处境：街上遇到一群小流氓，借酒发疯上来欺负杨雄，居然没有一个人来帮助他。身边这些小弟转身都跑了，杨雄一个人被人群殴。我们由此得出结论，杨雄表面上风光，其实处境并不好。分钱分物，吃酒吃肉的时候，身边热热闹闹聚集了好多人，一旦真正有事情了，却没有一个帮手。他的身边分利占便宜的人有一大堆，分忧的人却一个没有。

我们看到，潘公对石秀说了一句实话："我女婿得你做个兄弟相帮，也不枉了！公门中出入，谁敢欺负他！"确实有了石秀这样仗义勇猛、排忧解难的好朋友，杨雄才算如鱼得水。正所谓酒肉朋友不可交，患难才能见真情。人生在世，身边不光要有分利的人，更要有分忧的人。

由此提醒大家，不管你过得惨淡还是奢华，冷落还是热闹，都要仔细看一看身边人。我们身边的人主要分成两类：一类叫利益伙伴，另一类叫情义朋友。这两类人完全不一样，情义朋友雪中送炭，危难时刻挺身而出；而利益伙伴能锦上添花，但是危难时刻他会转身先走。

关于这两种人，我们应该怎么看待？有人觉得，身边一定要找情义伙伴，这些酒肉朋友只会锦上添花，不能雪中送炭，要离他们远点。其实，这些利益导向的伙伴也不能缺。

"酒肉朋友"的故事

> 湣王即命冯谖，持节迎孟尝君，复其相位，益封孟尝君千户。秦使者至薛，闻孟尝君已复相齐，乃转辕而西。孟尝君既复相位，前宾客去者复归。孟尝君谓冯谖曰："文好客，无敢失礼，一日罢相，客皆弃文而去；今赖先生之力，得复其位，诸客有何面目复见文乎？"冯谖答曰："夫荣辱盛衰，物之常理。君不见大都之市乎？旦则侧肩争门而入，日暮为墟矣，为所求不在焉。夫富贵多士，贫贱寡交，事之常也。君又何怪乎？"孟尝君再拜曰："敬闻命矣。"乃待客如初。

《史记》有一段故事，孟尝君当年在齐国为相，手下有三千门客。后来由于一些变故，齐王罢免了孟尝君相国的职务。一时之间，路断人稀，门庭冷落，三千多门客全都作鸟兽散。又过了一段时间，经过一番运作，国君又恢复了孟尝君的相位。不久，那些已经散去的门客又重新聚集到孟尝君的门下。孟尝君就生气了，他说："诸客有何面目复见文乎？"（孟尝君叫田文，故自称文）。孟尝君的意思是，看看这帮人，我危难的时候转身都走了，现在我发达了，又回来见我，他们脸往哪儿搁？孟尝君身边的大谋士冯谖就劝他说，主公你不要这样，人富贵的时候朋友多，贫贱的时候朋友少，是个正常现象。因为生活永远都是利益伙伴多、情义朋友少的。你看看城里面，早晨太阳出来的时候，市场上全是人，晚上太阳落山的时候，这些人都走了。为什么同样一个市场早晨就有人，晚上就没人呢？因为早晨有机会、有利益，晚上没机会、没利益了。这是个正常现象，你不用太纠结。田文点点头，明白这里面的曲直长短了：做事情一方面需要情义朋友，另一方面也离不开利益伙伴。对这些利益伙伴，我们不能期待太多，也不能要求太多。有好处的时候，大家一起合作一起分享，遇到困难的时候，他们转身就走，这也是正常现象。我们只要保持清醒的头脑，维持必要的合作就可以了。

杨雄身边一开始只有利益伙伴，并没有情义朋友，所以他遇到突发事件只能一个人独立应对，被人家群殴。现在有了石秀，杨雄挺高兴，他终于有一个情义朋友了。不过，在石秀和杨雄的交往中也出现了一系列波折，而这些波折跟杨雄这个职场成功人士的心态管理和生活方式直接相关。接下来，我们给大家展示一下杨雄、石秀亲兄弟般的情义之间发生的一系列波折故事。这些事都要从杨雄自己的生活状态说起。

作为一个职场成功人士，杨雄的身上主要有四个问题。

问题一：生活状态一直很忙，缺乏前台自我和后台自我的平衡

这话从何说起呢？我们来看一下。杨雄跟石秀结拜兄弟，跟潘公一起喝了酒，然后带着石秀："兄弟，别住你那破茅屋了，到哥哥家去住。"杨雄带着石秀就回家了。杨雄刚娶了一房妻室，唤作潘巧云。为什么占一个"巧"字？因为这个女子是七月初七生的，所以唤作潘巧云。潘巧云不是初婚，之前有一个丈夫亡故了，转过身来又嫁给杨雄。结婚时间不到一年，双方也算新婚宴尔。石秀进得家门，杨雄那边就招呼说，我带了自己的兄弟到家，快出来相见。潘巧云说，从来不听说你有个兄弟啊，一边说一边从里边走出来，抬头跟石秀打了个照面。石秀抬头看，只见潘巧云长得十分标致，皮肤白皙，身材曼妙，眉毛细长，眼睛弯弯，面带微笑，娇滴滴的，一副如花似玉的样子。

《水浒传》是这么描写的：

杨雄入得门便叫："大嫂，快来与这叔叔相见。"只见布帘里面应道："大哥，你有甚叔叔？"杨雄道："你且休问，先出来相见。"布帘起处，摇摇摆摆走出那个妇人来，生得如何？石秀看时，但见：

黑鬒鬒鬓儿，细弯弯眉儿，光溜溜眼儿，香喷喷口儿，直隆隆鼻儿，红乳乳腮儿，粉莹莹脸儿，轻袅袅身儿，玉纤纤手儿，一捻捻腰儿，软脓脓肚儿，翘尖尖脚儿，花簇簇鞋儿，肉奶奶胸儿，白生生腿儿。更有一件窄湫湫、紧挡挡、红鲜鲜、黑稠稠，正不知是甚么东西。

有诗为证：

> 二八佳人体似酥，腰间仗剑斩愚夫。
> 虽然不见人头落，暗里教君骨髓枯。

石秀暗道，我哥哥有一个漂亮媳妇，这小嫂子长得不错。杨雄说："这是我新认下的兄弟，路见不平，拔刀相助，今天帮了我大忙。咱家就缺这么个贴心的好兄弟。"石秀对着潘氏纳头便拜。这妇人有点不好意思，说："叔叔如何拜我？"杨雄说："管我叫哥哥，管你叫嫂子，拜也拜

得，你就回个半礼吧。"古人是很讲究这种交往礼数的，这妇人就回了两个万福。当下收拾一间空房，叫石秀安歇。第二天早晨，杨雄匆匆忙忙收拾东西去单位上班，临出门前嘱咐潘氏："我单位里工作忙，家里的事情顾不上，就都交给你了，你好好招待石家兄弟吃住啊！"

杨雄这个人生活方式只有一个字就是"忙"，两个字"特忙"，三个字"忙忙忙"。我们分析一下《水浒传》呈现的三条信息。

第一条信息，杨雄经常一个月工作二十天以上，都在单位加班，住宿也在单位。

第二条信息，家里的事情他从来不插手。认识石秀之后，家里面有三件大事：第一件大事，开了一个肉铺；第二件大事，做了一场法事；第三件大事，新婚媳妇要到山里去进香。这三件事杨雄都没有参与，基本都不过问，属于标准的甩手掌柜。

第三条信息，杨雄即使回家也经常是深夜了，而且往往喝得半醉，第二天早晨醒酒又走了。顶着星星回来，顶着星星走，这叫两头黑不见人。杨雄这个工作节奏，真是比我们很多写字楼里的白领还紧张，还忙碌。这种紧张忙碌的状态就给杨雄带来了巨大的问题。太忙并不是好事。忙人通常分成两类：一类叫平衡的大忙人，另一类叫不平衡的大忙人。

要出问题都是不平衡的出问题。这里给大家推荐一个理论，叫自我呈现理论。按照这个理论的研究，人有两个自我，一个叫前台自我，另一个叫后台自我。前台自我就是一个社会中的自我，完成工作任务，与人打交道，正式场合正襟危坐，表现出一副社会交往的公开状态。后台自我是一个私人的自我，完成非正式任务，娱乐休闲、私下场合放松的自我。

例如，专家、教授在台前正襟危坐，古往今来，经史子集，诸子百家，端端正正讲一堂课，这就是前台自我；下课回到家里，开空调，开电扇，穿着背心和短裤，拿着一个冰棍对着电视看点连续剧，打开电脑下两盘棋，这就是后台自我。人必须做好这两种自我的平衡。

进一步讲，人们有时候要呈现前台自我，比如当众讲话，不能穿个背心、穿个短裤上台随便讲讲，那就太随意了，不尊重听众；如果下班回到家，跟家里人相处的时候，就可以换上家居服或者干脆穿一件睡衣，轻轻松松拉拉家常，聊聊闲天。因此，不同的场合要呈现不同的自我，正式场合要呈现前台自我，私下场合就要呈现后台自我。

用这样的理论，我们可以分析一下恋爱跟婚姻的区别。恋爱过程中，我们都表现出前台自我。小伙子在楼下打电话："亲爱的，我到楼下了，你下来。"女孩第一件事是冲进厕所，描眉画眼，梳妆打扮，在电话里跟男生说："等我一下，半个小时啊！"为什么要这么久？因为要化个妆，要挑选衣服，恋爱当中人们要呈现前台自我。结婚就不一样，结婚后就得呈现后台自我了。两口子昏天黑地睡了一宿，早晨起来头没梳脸没洗，肿眼泡，口气都不是很清新。两个人抱着枕头互相看了一眼，哎呀，好舒服，再睡一会儿。这就叫长久夫妻。

如何判断感情的长久和稳定呢？很简单，如果那个人在跟你长期相处中，不光呈现前台自我，也能展示后台自我了，这个时候感情就已经稳定了。前台后台平衡了，感情才会稳定；如果不平衡的话，长期相处就会让双方都觉得很累、很烦。这是感情的基本规律。

现在我们再看看杨雄。其实，杨雄平时只有前台自我，没有后台自我，一天到晚就是上班上班上班，开完会就加班，加完班就开会，二十四小时，白加黑，连轴转。他属于这种前台自我非常大、后台自我非常小的类型。这种不平衡的生活方式给他带来了巨大的心理危机和情绪危机。我们可以做忙人，但是一定要做平衡的忙人，虽然很忙，但是要有后台自我的空间，要合理安排生活娱乐、休息放松；一旦成为失衡的忙人，不但工作效率会降低，而且焦虑程度会倍增，以致伤害身体健康，进一步还会伤害感情关系。

我们身边一个很有趣的现象就是能学习的人也能玩，会工作的人也会休息。这就是典型的前台自我和后台自我保持了平衡状态。没有平衡不行，压力越大越需要后台自我的支撑。杨雄有这个支撑吗？没有。如果说人生是一个大厦的话，前台自我是地上的大楼，后台自我就是地下的地基；假如没有地基，大楼越高大就越容易出问题。杨雄经常忙工作，一个月里半个月不回家，家里的事情一律交给岳父和老婆，开肉铺、办道场，这些大事都没有杨雄参与。他很少在家里露面，经常深夜回家，醉倒了就睡，第二天醒酒又赶去上班。这样的生活状态导致了一系列的问题，不光焦虑程度上升、人际关系紧张，还带来了一个更重要的问题。由于工作太忙，疏于维护感情，杨雄的婚姻出现了巨大的危机，夫妻关系亮起了红灯。

在现代职场中，许多人都被自己繁重的工作搞得焦头烂额，尤其是一些白领和行业的精英人士，更是被工作压得喘不过气，失去了工作和生活的平衡。在《水浒传》中，杨雄就是一个没日没夜加班干活的工作狂。那么，他的这种工作和生活方式又会给他的人生带来怎样的变故呢？

问题二：亲密关系一直很凉，缺乏对家庭关系的维护

前面我们说了，杨雄跟潘巧云结婚不到一年，也算新婚宴尔，如漆似胶，偏偏杨雄是个工作狂，一天到晚在单位，没时间回家。关于杨雄忙于工作，有两个细节值得关注：一个是"将近一月有余，这和尚也来了十数遍"，也就是说，不到一个月时间，杨雄得有十多天不在家。第二个是"杨雄被知府唤去，到后花园中使了几回棒。知府看了大喜，叫取酒来，一连赏了十大赏钟。杨雄吃了，都各散了。众人又请杨雄去吃酒。至晚，吃得大醉，扶将归去"。如果说知府叫去使棒，还不好推托，那此后与同事一起去喝酒至晚，就有些说不过去了。杨雄娶了潘巧云以后，一个月有二十来天是在单位住宿的。作为一个新婚不到一年的男人，这很不正常。

潘巧云受到冷落，心情肯定不好。其实，本来杨雄在感情上是有优势的，他是蓟州两院押狱兼刽子手，这工作听着就吓人，加上一身好武艺，所以"有人惧怕他"；再看长相，"微黄面色细眉浓，人称病关索，好汉是杨雄"。从长相和气度来看，杨雄大大强于宋江和武大，不是那种让女人

觉得拿不出手的男人。可偏生杨雄是个工作狂,"自出外去当官,不管家事"。家里请和尚做功德这样的大事,杨雄也只是"到申牌时分,回家走一遭"。男人不着家,和尚进了门,家里做法事,就招来了一个高颜值的小鲜肉和尚裴如海。这海和尚不光长得帅气,而且为人温和体贴,情商特别高,会聊、会听、会哄,也会逗,而且兼得一副好嗓子,念经清扬悦耳,十分好听。这性格,这样貌,加上这文艺才能,当然特别招小女生喜欢。

杨雄老婆潘巧云出轨这件事,有裴如海和潘巧云的合谋,也有杨雄的成全。为什么这么说呢?因为杨雄基本上不着家,白天晚上在外边忙工作、忙应酬,根本没有精心维护自己的这段婚姻、这段感情。

我们常说,男人是需要疼的,女人是需要哄的,一段稳定的感情是需要经营的。可是,杨雄经营了吗?没有。杨雄不经营,那就给了裴如海乘虚而入的机会。这才有了潘巧云与和尚的眉来眼去。有一天,杨雄"正该当牢,未到晚,先来取了铺盖去,自监里上宿",于是潘巧云与和尚家中密会。

(1)茶水传情。那妇人便笑道:"是师兄海阇黎裴如海,一个老诚的和尚。他是裴家绒线铺里小官人,出家在报恩寺中。因他师父是家里门徒,结拜我父做干爷,长奴两岁,因此上叫他做师兄。他法名叫做海公。叔叔,晚间你只听他请佛念经,有这般好声音!"那妇人拿起一盏茶来,把帕子去茶钟口边抹一抹,双手递与和尚。那和尚一头接茶,两只眼涎瞪瞪的只顾看那妇人身上。这妇人也嘻嘻的笑着看这和尚。

人道色胆如天,却不防石秀在布帘里张见。石秀自肚里暗忖道:"莫信直中直,须防仁不仁。我几番见那婆娘常常的只顾对我说些风话,我只以亲嫂嫂一般相待。原来这婆娘倒不是个良人!莫教撞在石秀手里,敢替杨雄做个出场也不见的!"

(2)约会偷情。因为前文的茶水传情,潘裴二人的旧有情怀全部激活。在祭奠的当日,二人的婚外情得到了释放机会。那和尚搂住这妇人,说道:"你既有心于我,我身死而无怨。只是今日虽然亏你作成了我,只得一霎时的恩爱快活,不能勾终夜欢娱,久后必然害杀小僧!"那妇人便道:"你且不要慌,我已寻思一条计了。我的老公,一个月倒有二十来日当牢上宿。我自买了迎儿,教他每日在后门里伺候。若是夜晚老公不在家时,便搬一个香桌儿出来,烧夜香为号,你便入来不妨。只怕五更睡着了,不知省觉,却那里寻得一个报晓的头陀,买他来后门头大敲木鱼,高声叫佛,便好出去。若买得这等一个时,一者得他外面策望,二乃不教你失了晓。"和尚听了这话,大喜道:"妙哉!你只顾如此行。我这里自有个头陀胡道人,我自分付他来策望便了。"

潘巧云带着丫鬟先进山后进庙,进完前厅进后厅,进完客厅进卧室,一来二去,两个人就有了奸情。这些杨雄都不知道。为什么潘巧云要出轨呢?我们来分析分析。

杨雄是大英雄,一身武功,一双凤眼,两眉入鬓,满身花绣,英姿飒爽,相貌堂堂。另外,杨雄是两院节级,有权有势,公私两面都很有面子,要资源有资源、要工作有工作、要车有车、要房有房、要长相有长相。杨雄要跟那海和尚比起来,能甩他好几条街。那么,为什么潘巧云就舍了这个杨雄要去勾搭那个裴如海呢?主要的原因就是一条,杨雄太冷淡。感情是要维护的,好男人是疼出来的,好女人是哄出来的,你不维护感情,人家热脸贴个冷屁股,热心抱个冷石头,时间长了谁也不高兴。

实际上,大家仔细想想,生活当中很多特别忙碌的职场人士,他们也往往忽略了婚姻维护、感情维护这个问题。给大家四个维护感情的建议:唤醒回忆、扩大共识、展示依赖、合作小事。

(1)唤醒回忆。所谓有感情就有回忆,当感情冷淡的时候,我们只要谈一谈过去美好的回忆,感情自然就升温了。比如,你现在出差一个星期回家了,家里凉锅冷灶,媳妇往沙发上一坐,那脸比锅都凉,比锅都黑。你进屋说我回来了,媳妇劈头一句:"哟,还知道回来呢?外边好就别回来了。"

怎么办？别着急，别生气，冲向书柜，做一件事——拿出相册。相册是个好东西，里边装着美好的回忆。你拿着相册翻，找一张你俩热恋的时候照得特别好的照片（注意是她照得特别好的）。然后，你就问媳妇："这张照片什么时候照的？想不起来了。"媳妇肯定说："一天到晚光想着工作，这都忘了，这是我们刚认识的时候照的啊！"此时此刻，你要说："哦，我想起来了，那天咱们中午吃饭，下午划船，荡舟于小湖之上，天蓝蓝的、云白白的，风吹着那柳枝来回地晃，风吹起你的长头发，有几丝轻轻扫过我的脸。"

讲着讲着，媳妇眼神就温柔了，眼光就湿润了。她站起来说："老李，你歇着，我给你做饭去啊！"这就叫男人一翻相册，女人就下厨房，美好回忆是感情的黏合剂，是感情的助推剂。因此，逢年过节，大家不要忘记跟家里人在一起翻翻过去的相册，唤醒回忆，加深感情。

（2）扩大共识。工作可以忙，但是不要背靠背谁也不搭理谁，一定要注意沟通情况、交换信息。越忙越要和家里人交流，回家之后跟家里人商量商量：这个星期有两件事我都办完了，你们觉得怎么样啊？昨天遇到了一个人，他跟我讲了几句话，你们觉得怎么样啊？下星期我有一个什么计划跟你们通报一下啊。这样做的目的就是让家人感觉到，你不是背着所有的人在忙自己的事，你的工作范围和生活范围都在大家视野之内，你心里还装着家里人呢。扩大共识就是要把你经历的那些人和事跟家里人说一说，让家里人知道你的生活里有他们，你的心里更装着他们。

（3）展示依赖。这个尤其重要。比如，你参加一个高大上的活动，忙了一天，晚上回家。媳妇问你："听说他们食堂饭都特别好吃。哎，我问你老刘，是我做的饭好吃，还是他们做的饭好吃啊？"

很多问题是没有标准答案的，不过这个问题是有标准答案的。你一定得跟你媳妇说，还是你做的饭好吃，我在外面都吃不饱。讲完之后，你非常不争气地就打一嗝儿，这个时候要赶紧补一句："你看，饿得都打嗝儿了。"

媳妇说："那我赶紧给你做去？"你说："别别别，饿过劲了，吃不下去了，要不然你给倒杯水吧。"注意，自己倒水叫解渴，请人倒水叫表达感情。在小事上展示依赖，才能拉近心理距离！媳妇拿着水杯就说了："你看看你，要没有我呀，你连口水都喝不上！"这叫甜蜜的抱怨，到了这个火候就对了。

（4）合作小事。一定要经常一起做点小事，比如一起养个花呀、种个草，看看风景，散个步，要不然一起玩一个连连看，过一个通关，或者一起看个电视剧，读一本书，抽点时间坐下来泡杯茶，讨论讨论情节，分析分析人物。小事上多合作、多交流最能增加感情的温度，碰撞出爱的火花。

请大家记住这十六个字，唤醒回忆、扩大共识、展示依赖、合作小事。杨雄要做过一条，他也算对得起人家新婚媳妇潘巧云。

潘巧云勾搭裴如海也是有智商的，二人偷情有一个模式。裴如海跟潘巧云说："你家里有人啊，你又不能出门，我们俩怎么时常约会？"潘巧云说："你放心，我有一个办法，咱俩能时常约会。"根据《水浒传》写的内容，我把这二人的约会总结了十六个字的口诀："老公不到，香桌暗号，温柔一觉，头陀通报。"

潘巧云告诉海和尚，丈夫杨雄一个月有二十多天不回家，只要他不回家，就以香桌为号。门口摆一个小香桌，看到香桌，海和尚就可以来幽会。两人度过一个温柔的夜晚，天亮之前，安排一个头陀在小巷里喊佛号，通风报信。海和尚听到佛号，就可以神不知鬼不觉地从后门溜出去。这就叫"老公不到，香桌为号，温柔一觉，头陀通报"。

通过这件事我们能知道，潘巧云出轨是有经验的。如果是初次的话，早就慌了神了。她能设计这么丝丝入扣的流程，根据这一点我们就有更深的怀疑了。她的前夫是怎么死的？是不是看杨雄顺眼，想嫁一个大英雄，把自己的前夫给害死了？这都是要打问号的。

大家看看，杨雄娶一个人却没有了解这个人，娶了一个人却不在乎这个人，身边生活着一个人却完全不关注这个人，你说他是一个多么不懂感情的人！在《水浒传》中，杨雄与潘巧云一出场是刚新婚不久的一对小夫妻。杨雄一表人才，相貌英俊，年龄28岁，而潘巧云是个二婚的少妇，20岁左右。两人新婚不久，正是如胶似漆、你侬我侬的蜜月期，如果杨雄做了一些维护感情、呵护妻子的事情，可能就会是另一个结局。潘巧云与裴如海都是非常精明的人，整个偷情环节设计得非常周密，但是人算不如天算，偏偏有一些被石秀给发现了。

且说这石秀每日收拾了店时，自在坊里歇宿，常有这件事挂心，每日委决不下，却又不曾见这和尚往来。每日五更睡觉，不时跳将起来料度这件事。只听得报晓头陀直来巷里敲木鱼，高声叫佛。石秀是个乖觉的人，早瞧了八分，冷地里思量道："这条巷是条死巷，如何有这头陀连日来这里敲木鱼叫佛？事有可疑。"当是十一月中旬之日五更，石秀正睡不着，只听得木鱼敲响，头陀直敲入巷里来，到后门口高声叫道："普度众生救苦救难诸佛菩萨。"石秀听得叫得蹊跷，便跳将起来，去门缝里张时，只见一个人，戴顶头巾，从黑影里闪将出来，和头陀去了。随后便是迎儿来关门。石秀见了，自说道："哥哥如此豪杰，却恨讨了这个淫妇！倒被这婆娘瞒过了，做成这等勾当！"巴得天明，把猪出去门前挑了，卖个早市。饭罢，讨了一遭赊钱。

日中前后，径到州衙前来寻杨雄。

问题三：个人压力主要靠扛，缺乏缓解压力的有效方法

杨雄作为一个成功的职场人士，他的第三个问题是：个人压力主要靠扛，缺乏缓解压力的有效办法。

石秀是个聪明人，他生活在杨雄家里，从做法事开始，就觉得潘巧云跟裴如海两个人有问题。潘巧云递给裴如海一杯茶，通过递茶的这个过程，石秀就发现裴如海一双贼溜溜的眼睛看着潘巧云，从上到下、从下到上，来回打量。你面前如果有一个大美女，穿一条裙子往那儿一站，你要

第九讲　杨雄的烦恼　153

看的话只能看两眉中间朝上的地方，你能从上到下，而且拿侧眼这么看吗？这叫贼飞眼啊！石秀就觉得裴如海不对劲，再看看潘巧云什么反应？各位，如果有个美女走到街上，有一个男的这么看她的话，她肯定给他一个冷脸，转身就走了。潘巧云不是，潘巧云笑眯眯地瞅着裴如海说："哥哥，你喝茶，你喝啊！"

石秀接着进一步观察，有一天早晨听到小巷里有奇怪的念佛声，大早上哪有人在小巷里念佛啊？结果看到一个陌生的头陀。石秀就提了心思，在那门缝里看，过一会儿发现有一个裹头巾的陌生人影从那个小院里挤门缝出来，跟着头陀一起走了。哎，石秀明白了，这是偷情啊！遇到这事怎么办？当然要跟自己的哥哥说。

却好行至州桥边，正迎见杨雄。杨雄便问道："兄弟那里去来？"石秀道："因讨赊钱，就来寻哥哥。"杨雄道："我常为官事忙，并不曾和兄弟快活吃三杯，且来这里坐一坐。"杨雄把这石秀引到州桥下一个酒楼上，拣一处僻净阁儿里，两个坐下，叫酒保取瓶好酒来，安排盘馔海鲜按酒。二人饮过三杯，杨雄见石秀只低了头寻思。杨雄是个性急的人，便问道："兄弟，你心中有些不乐，莫不家里有甚言语伤触你处？"石秀道："家中也无有甚话。兄弟感承哥哥把做亲骨肉一般看待，有句话，敢说么？"杨雄道："兄弟何故今日见外？有的话，但说不妨。"

通过这段话，我们能得到两条信息。

第一条信息，杨雄一天到晚忙工作，对夫妻之情、兄弟之情都没有维护，而且觉得这样顺理成章。感情没有任何顺理成章的事，名分定了之后还得有投入。不是说我们八拜成兄弟就真的生死与共了，不是说我们结婚成两口子就真的一成不变了，只让我投入，你不投入，名分算个什么呀？它只不过是几个字而已。然而，杨雄对这件事还是没有引起重视。

第二条信息，杨雄是怎么过日子的，主要工作就是加班，主要生活就是喝酒。他用喝酒来给自己解压，没有别的解压的方式。杨雄和现在有的职场人士一样，扛着巨大的压力却没有好的应对方法，最后影响了身体，影响了情绪，还影响了家庭关系。

杨雄的工作压力超乎一般人，因为他是刽子手，负责砍头的。斩首这种处决方式不但对被杀的人来说非常残忍，对于杀人的人来说，也是一种残酷的折磨。

请大家注意一个很奇特的场面：杨雄是蓟州府的行刑刽子手，杨雄杀完人以后，要披红戴花游街喝酒，仿佛新郎官娶亲一样，场面非常气派。《水浒传》里是这样描写的："只见远远地一派鼓乐，迎将一个人来。前面两个小牢子，一个驮着许多礼物花红，一个捧着若干段子采缯之物，后面青罗伞下罩着一个押狱刽子。"这是在一条大街上，"杨雄在中间走着，背后一个小牢子擎着鬼头靶法刀。原来才去市心里决刑了回来，众相识与他挂红贺喜，送回家去……众人拦住他在路口把盏"。

刽子手杨雄杀完人以后，为什么有人送礼物、有人请喝酒呢？要弄清这个问题，首先要弄明白古人对处决犯人的看法。古人认为，处决犯人是"阴事"中的极致，所以大多时候都会选择在"午时三刻"这个一天中"极阳"的时候进行，就是希望用"极阳"镇住"极阴"。古人相信，刽子手杀人以后会沾染晦气，这就是刽子手要穿红色的衣服，还要敲锣打鼓的原因。对于一般的居民来说，大家认为杨雄在谁家门口滞留，就有可能给这家人带来晦气。为了避免这种事情发生，路过的人家都会给杨雄送一点礼物，让他离自己家远一点，不在自己家门口停留。为什么"众人拦住他在路口把盏"，而不是请到店里去吃酒？实际上就是用"敬酒"这种方式让沾了晦气的杨雄离自己家远一点。

大家可以想象，刽子手杨雄工作压力大，心理挑战大，而且人们都不愿意接近他，身边的人像躲瘟神一样躲着他。

如何缓解职场压力，是杨雄面临的大问题。其实，不光杨雄面临职业压力过大的问题，很多现代人都面临类似的问题。

曾有调查显示，当今职场的白领很多人状态都不好。该调查对8万名年龄在23～40岁、月收入3000元以上的白领工作者进行访问后发现，90%

的被访者有疲劳、记忆减退、易怒以及免疫能力衰弱的问题。被访者普遍反映工作忙碌，需要在事业和家庭之间周旋。一半以上被访者每周体育锻炼时间不足三小时，少数人根本没有时间从事体育锻炼，高达七成的被访者抱怨工作压力大。

有这样一个真实案例，30多岁的张小姐是写字楼里的白领，平时工作比较忙，近来更是频繁出差，压力很大。单位组织体检，几天后，拿到体检报告，她吓了一跳：心电图检查显示"心肌劳损"，奇怪的是其他指标如血压、血脂和血糖都正常。医生说：大部分中青年人的心肌劳损都是功能性改变，往往是由职场压力大造成的；要注意作息规律，合理休息，尽量避免熬夜和长时间上网，工作压力大时要注意放松，调整紧张情绪，多运动；此外，饮食最好低盐低脂，不要口味太重。

胃肠道被认为是最能表达情绪的器官，心理上的点滴波动它们都能未卜先知。很多人都有这样的经验：一遇到紧张焦虑的状况就会胃疼或腹泻；压力大的时候根本吃不下饭。司机、警察、记者、急诊室医生等患胃溃疡的比例最大。

其次是皮肤。对很多人来说，紧张时头皮发痒，烦躁时头皮屑增加，睡不好狂掉头发。还有反复无常的荨麻疹、湿疹、痤疮，都可能是长期情绪不良带来的后果。

再者就是内分泌系统，压力大了会长包长痘。男性的前列腺最容易受到不良情绪的冲击。

从宋代的杨雄到现代的写字楼白领，大家都面对巨大的职场压力。一般来说，常用的解压方式包括：

适度运动，充分休息；

听音乐或者从事自己感兴趣的文体活动；

散步闲聊，最好每天能抽出半小时与家人一起散步，因为人在散步时会产生一种物质，可以使人快乐，对情感、体力等的恢复能够起到积极作用；

看一些幽默有趣的书报杂志、影视节目，开怀大笑一下；

保持乐观，进行积极的自我暗示；

学会给自己做减法，清理掉多余的东西并控制欲望的膨胀；

走出去，接触大自然。

除了以上这些，强烈推荐两个解压的方法。

第一，放慢生活节奏。现代人的生活可以用一个字概括，这个字就是快，人们吃得快，说得快，走得快，干得快，吃药要吃速效胶囊，开车走高速，培训希望速成，搞对象喜欢速配，这一大堆提高速度的事把我们搞得压力很大。我们应该放慢生活节奏，慢慢地喝一杯茶，慢慢地吃一顿饭，慢慢地走出去，慢慢地走回来，慢慢地看一看天边的日出日落、云卷云舒，慢慢地体会一下人生的青春年少、斗转星移……

第二，练练忘性。心理学研究表明，人类大脑硬盘是海量的，但前额叶内存特别小，一天到晚只能装七条信息，如果装满了人名、地名、航班号、火车票、个人恩怨、今天的焦虑、明天的烦恼，我们哪还有心思去抓大事、想大事，我们哪还有心思去享受生活？我在此提醒大家，练练记性也要练练忘性，每天晚上睡觉之前或者早晨睁开眼睛的时候，把过去的纠结、个人的恩怨、明天的焦虑、未来的担心这些乱七八糟的东西全都清理掉，干干净净、清清爽爽过好今天的生活。

现代职场中，很多人每天都埋头于工作之中，把工作事业当成唯一重要的事情，殊不知这样做往往会把家庭生活搞得一团糟。杨雄就是这样的一个人。那么，他为什么会成为一个不顾家庭的工作狂？我们身边如果出现这样的人，又该如何善意地提醒他呢？

问题四：人际关系主要是防，缺乏安全感无法建立信任关系

本来石秀好心好意告诉杨雄这一切，杨雄当天晚上喝醉了回家，把这些事就告诉了老婆潘巧云。潘巧云是多么精明的人，她立刻就编了一套谎话。

那妇人一头哭，一面口里说道："我爷娘当初把我嫁王押司，只指望一竹竿打到底，不想半路相抛。今日嫁得你十分豪杰，却又是好汉，谁想你不与我做主。"杨雄道："又作怪！谁敢欺负你，我不做主？"那妇人道："我本待不说，却又怕你着他道儿；欲待说来，又怕你忍气。"

杨雄听了便道："你且说怎么地来？"那妇人道："我说与你，你不要气苦。自从你认义了这个石秀家来，初时也好，向后看看放出刺来。见你不归时，如常看了我，说道：'哥哥今日又不来，嫂嫂自睡，也好冷落！'我只不采他，不是一日了。这个且休说。昨日早晨，我在厨下洗脖项，这厮从后走出来，看见没人，从背后伸只手来摸我胸前道：'嫂嫂，你有孕也无？'被我打脱了手。本待要声张起来，又怕邻舍得知笑话，装你的望子。巴得你归来，却又滥泥也似醉了，又不敢说。我恨不得吃了他！你兀自来问石秀兄弟怎的？"

这妇人给石秀来了一个反咬一口，杨雄一听火就上来了，暗骂，真是画龙画虎难画骨，知人知面不知心。这石秀恶人先告状，还跟我说我老婆有问题，原来是他自己欺负我娘子。也不是什么亲兄弟，不如把他赶出去。

第二天，杨雄也不和石秀发作，直接把肉铺拆了，肉案都搬走了。石秀是个聪慧机灵的人，一看这架势立刻就明白了："是了。因杨雄醉里出言，走透了消息，倒吃这婆娘使个见识，拟定是反说我无礼，他教杨雄叫收了肉店。我若便和他分辩，教杨雄出丑。我且退一步了，自却别作计较。"石秀也不解释，立刻搬走了。

通过这件事，我们能知道杨雄这个人四肢发达，头脑简单，出尔反尔，轻言轻信。杨雄对石秀，开始信任，随后又不信任；对潘巧云，开始痛恨，听到一番说辞又完全信任了。

考虑杨雄的生活方式，我们得到一个结论：他是一个没有安全感的人，他不懂得该信任谁不该信任谁，无法和朋友建立稳定的关系。缺乏安全感的表现有很多，比如总怀疑门没锁，经常换密码，喜欢固定的座位、固定的歌曲，喜欢和比自己年龄小的人相处，比较爱挑剔，做事总忍不住往坏处想，总是否定自己、犹豫，常疑别人，害怕一个人但又总是一个人。

为什么有人会缺乏安全感，有人却不会呢？依附理论给出了基本的解释。在人格发展中，早期经历非常重要。6～24个月的婴儿与身边主要看护人（尤其是父母）的关系决定了婴儿成人以后有关自我和他人的内在模式。婴儿如果没有得到悉心照料，需求总得不到满足，长大以后就会缺乏安全感。进一步研究发现，家庭氛围差，父母总是争吵，教育孩子的方式粗暴，在这样家庭中长大的孩子也容易缺乏安全感。

另外，在成长过程中遇到一些重大的伤害事件也容易使人缺乏安全感。比如，有过失恋经历的人可能会在下一段恋情中疑神疑鬼，曾在深夜被袭击过的人可能对黑暗产生恐惧。小说家杰克·伦敦在他的作品《热爱生命》里塑造了一个水手：在雪地上走了几个月，没有食物，差点饿死，最后到了船上以后，四处藏食物，有强烈的不安全感。这些都是严重的心理创伤造成的。

有安全感的人可以信任他人，能够与他人建立可靠的人际关系，在遇到危险的时候，能够做出恰当的选择，善于合作，懂得帮助他人。总之，一个有安全感的人就像点燃的蜡烛，虽然光亮不大，但是可以照亮自己，也能照亮别人。

缺乏安全感的人，在人际关系中实在难缠。他们很容易陷入极端的无力感而难以自拔，和人交往的时候表现得犹豫不定、敏感多疑，喜欢挑剔，容易悲观失望。

对缺安全感的三类人有三种比喻。一是好斗的狮子，易怒，有攻击行为或攻击性语言，开车的时候爱发脾气骂人。很多路怒族本质上都缺乏安全感。二是孤独的绵羊，悲观，逃避现实，缺乏热情，不愿意建立亲密关系，30多岁了也不谈恋爱，整天宅在家里，非常冷淡而挑剔，躲避别人的热情沟通。三是黏人的小鸭子，缺乏自信，即使优点很多也常常自卑，一旦有了一个值得信赖的人，就必须黏在一起，担心被抛弃。

其实杨雄就是好斗的狮子和孤独的绵羊的结合。一方面，他胆大好斗；另一方面，他回避亲密关系，离群索居，拒绝感情。一天到晚忙于工作也和安全感有关系，在工作中寻找自我认同，没有工作便觉得失去了存在的价值，只有工作着才踏实，因为工作才让他有安全感。

我们给杨雄一个基本诊断：他是一个长期加班熬夜，从事高危职业，压力过大，有童年心理创伤，有强烈不安全感的职场成功人士。

杨雄生活中的一系列问题，比如工作压力、亲密关系、朋友交往障碍等，都和缺乏安全感有关联。

下面推荐几个改善的小方法：提升自信心，肯定自己的优点和长处；改变关注点，看一看这个世界美好的地方，不要只盯着负面的消息；培养兴趣爱好，从事一些健康的文体活动，在小事情上体验成功；交几个志同道合、乐观开朗的朋友，人际关系是一剂良药，具有天然的修复作用。

各位家长要多跟孩子交流感情，遇事讲道理，营造和谐的家庭氛围；尽量不在孩子面前争吵，不用简单粗暴的方式教育孩子；年轻的父母不要图轻松，把孩子交给姥姥姥爷或者爷爷奶奶就完事了。教育的基本规律就是当下的每一次偷懒，将来都会加倍偿还。

杨雄像很多写字楼里的白领一样，看起来风光无限，实际上危机四伏，他的基本情况就是：生活状态一直很忙，亲密关系一直很凉，个人压力主要靠扛，人际关系主要靠防。这四条是成功人士的四大烦恼。这四大烦恼给杨雄带来了巨大的压力和挑战，他整天忙于工作，疏远了亲人和朋友，冷落了新婚的妻子，而且关键时刻偏听偏信，无端冤枉了自己的好兄弟石秀。不过石秀可不是一般人，石秀的绰号叫拼命三郎，对应的星宿叫天慧星，梁山最聪明的两个人是天巧星燕青、天慧星石秀。三十六个天罡星里，石秀独占一个慧字，他足智多谋、心思缜密，而且胆大心细、敢下狠手。下一步石秀就实施了一个周密的方案去揭露真相，惩罚坏人。那么，究竟石秀用了怎样的办法，事情的真相又是如何水落石出的呢？我们下一讲接着说。

第十讲
回避冲突寻良策

在生活和工作中，我们会时不时与周边人发生摩擦。面对这些突如其来的矛盾冲突，我们如果不能正确面对、冷静处理，就有可能导致可怕的后果。《水浒传》中的拼命三郎石秀就遇到了这样的心烦事。无意间，石秀发现好兄弟杨雄的妻子竟然对杨雄不忠。经过慎重考虑，石秀决心把这个坏消息透露给杨雄。然而，令他万万没有想到的是，他的一片好心却给自己招来了万般苦恼。可贵的是，面对他人的恶意陷害、好兄弟的无情反目，石秀始终没有意气用事，他一忍再忍，并苦苦地寻找解决办法。那么，面对激烈的冲突，石秀都采取了哪些智慧的处理办法呢？

喜欢书法的人都知道一个故事，唐代有个大书法家叫张旭，擅长草书，被尊为草圣。《国史补》记载，张旭曾经看到公主与担夫在羊肠小道上争道，那种合理利用空间、进退有度的场面，让他悟出了写字的避让规则。写书法作品需要懂得避让，开车更需要懂得避让，特别是在一些十字路口多、行人横穿马路多的路段，提前做好避让的准备就成了保证安全的关键。很多年轻人开英雄车、斗气车、较劲车，由于不懂得避让，意气用事，最后都酿成了惨剧，害人害己，悔之晚矣。

学书法要学避让，学开车要学避让，为人处世更需要懂得避让。

> **智慧箴言**
>
> 人生像一条漫长的路，路况复杂，起伏不平，我们必须随时判断形势，选择斗争或者避让。

一味地好勇斗狠、意气用事，有可能酿成大祸。人生是需要战斗的，但不是每场仗都打，如果不加判断每场仗都打，那就不是战斗，是找死。遇到矛盾纠纷的时候，只有懂得合理避让，才算是真正成熟了。接下来，我就结合《水浒传》中杨雄、石秀的故事，为大家介绍几个经典的避让策略。

细节故事：翠屏山杨雄杀妻

上一讲我们说道，石秀发现潘巧云和海和尚有了奸情，并告诉给了杨雄，结果杨雄嘴不严，喝酒之后把这个消息透露给了潘巧云。潘巧云那真是能说会道，她编了一套词，来了一个恶人先告状，诬陷石秀调戏自己。对杨雄来说，这边是义弟，那边是老婆，相信谁？杨雄当然选择相信老婆，直接把石秀赶出了家门。

石秀很委屈，但是一没争、二没吵，安安静静离开了杨雄的家。不过，他没有走远，在巷子深处不显山不露水的小客店安顿下来。收拾完行李，收拾完屋子，石秀喝了点水，躺到炕上就开始盘算这件事。石秀想了两点。

第一点，奸情出人命。万一将来有一天潘巧云跟海和尚合谋，要害死我哥哥杨雄怎么办？潘巧云的第一任丈夫结婚没几天可就死了，到底怎么死的，谁知道呢？这很值得怀疑。因此，石秀很担心杨雄的安全。

第二点，自己堂堂七尺男儿大英雄，受了这种不白之冤，得给自己洗刷冤屈，揭露他们的奸情。杨雄与自己结交为兄弟，虽然他一时糊涂听信了妇人的言语，但不可枉送了他的性命，务必让他明白事情真相。

石秀在杨雄家附近埋伏起来,一方面保护杨雄,另一方面找机会揭露事情的真相。大概潜伏了两天,机会就来了。这天下午,石秀看到杨雄手下一个小牢子到家里来取铺盖。杨雄经常在单位加班,一加班就要自带铺盖卷。石秀发现,杨雄一走,海和尚必来,这下就有破案的机会了。这天下午,石秀早早地吃饱饭就睡下了。《水浒传》写道,当晚回店里,睡到四更起来,跨了这口防身解腕尖刀,悄悄地开了店门,径奔到杨雄后门头巷内。伏在黑影里张时。却好交五更时候,只见那个头陀挟着木鱼,来巷口探头探脑。石秀一闪,闪在头陀背后,一只手扯住头陀,一只手把刀去脖子上搁着,低声喝道:"你不要挣扎!若高做声,便杀了你!你只好好实说,海和尚叫你来做怎地?"头陀道:"好汉,你饶我便说。"石秀道:"你快说!我不杀你。"头陀道:"海阇黎和潘公女儿有染,每夜来往。教我只看后门头有香桌儿为号,唤他入钹;五更里却教我来打木鱼叫佛,唤他出钹。"石秀道:"他如今在那里?"头陀道:"他还在他家里睡着。我如今敲得木鱼响,他便出来。"石秀道:"你且借你衣服、木鱼与我。"头陀把衣服正脱下来,被石秀将刀就项上一勒,杀倒在地。头陀已死了。石秀却穿上直裰护膝,一边插了尖刀,把木鱼直敲入巷里来,海阇黎在床上,却好听得木鱼咯咯地响,连忙起来披衣下楼。迎儿先来开门,和尚随后从后门里闪将出来。石秀兀自把木鱼敲响,那和尚悄悄喝道:"只顾敲做甚么!"石秀也不应他,让他走到巷口,一交放翻,按住喝道:"不要高则声!高则声便杀了你!只等我剥了衣服便罢。"

这一段叫智杀裴如海,为什么说是智杀呢?如果是李逵,会是一个什么场面?一定是抢着两把大斧子,大喝一声冲过来,一顿乱砍。这样做的结果就是,惊动街坊四邻,惊动官府,杀人之后就要亡命天涯了。石秀不能这样做,因为他还有更紧要的事情要做,就是揭穿潘巧云,让杨雄了解事情真相。因此,这个事情必须做得安安静静,不引人注意。

石秀杀海和尚有四招:控、脱、袭、撤。

第一招是控,把钢刀压在海和尚的脖子上,让他不敢乱动、不敢出声。

第二招是脱，石秀命令海和尚把衣服都脱下来，从里到外脱干净。为什么要剥衣服呢？这里面有两个原因。第一，石秀想留下一些物证，又不能在那儿守着现场。那个年代又没有照相机、录像机，怎么证明有奸情？必须用内衣来证明，这非常重要。第二也算是一个惩罚手段，让他丢丢人。另外还有一个辅助作用，让海和尚脱光了死在街上，混淆视听，能防止官府追查自己。

第三招是袭，突然动手，趁着海和尚不注意，这刀从腰侧的软肉就扎进去了，三刀就把海和尚捅死在地上。

第四招是撤，石秀这边不慌不忙地把刀上的血蹭干净，把头陀与和尚的衣服打了卷放好，点点头，一转身，轻手轻脚地走到自己的小旅馆门口，悄悄地推开门，安安稳稳地进屋，躺那儿就睡着了。

先是用刀控制对方，然后突然出手袭击，避免纠缠，迅速解决战斗，最后不动声色撤出战场。整个过程短平快、稳准狠，石秀不愧是拼命三郎。

生活中人与人打交道，难免会产生各种各样的矛盾和冲突，即使在关系非常亲密的朋友之间，也会时有发生。石秀被好兄弟杨雄误解，不清不白，局面一度非常被动。然而，就在这危急关头，石秀没有逃避，他挺身而出手刃了奸邪之徒。此时的杨雄还蒙在鼓里。对妻子潘巧云深信不疑的杨雄，究竟会从这两条命案中嗅到怎样的信息？为了让好兄弟杨雄了解真相，石秀又想出什么办法来呢？

第二天，满城轰动，大早晨街面上赤条条死了两个人，一个和尚一个头陀，两个大男人光着身子抱在一起。街头巷尾，老百姓就开始传各种八卦消息，石秀混淆视听的目的达到了。消息很快就传到了病关索杨雄的耳朵里。

杨雄心里早瞧了七八分，寻思："此一事准是石秀做出来了，我前日一时间错怪了他。我今日闲些，且去寻他，问他个真实。"正走过州桥前来，只听得背后有人叫道："哥哥那里去？"杨雄回过头来，见是石秀，便道："兄弟，我正没寻你处。"石秀道："哥哥且来我下处，和你说话。"

把杨雄引到客店里小房内,说道:"哥哥,兄弟不说谎么?"杨雄道:"兄弟,你休怪我。是我一时愚蠢不是了,酒后失言,反被那婆娘瞒过了,怪兄弟相闹不得。我今特来寻贤弟负荆请罪。"石秀道:"哥哥,兄弟虽是个不才小人,却是顶天立地的好汉,如何肯做这等之事!怕哥哥日后中了奸计,因此来寻哥哥,有表记教哥哥看。"将过和尚、头陀的衣裳,"尽剥在此。"

石秀的话有两层意思。

第一层意思,有冤屈在身,我不甘心。我是一个顶天立地的汉子,被人诬陷了男女作风问题。你要说我小偷小摸我都能忍,你要说我男女作风有问题,还是和自己的嫂子,这我实在忍不了。

第二层意思,留下来揭发奸情,让哥哥你看到真相。石秀拿出了物证,把头陀与和尚的内衣、外套两包铺到床上。

杨雄看了,心头火起,便道:"兄弟休怪。我今夜碎割了这贱人,出这口恶气!"什么叫"碎割",就是剁成饺子馅儿。杨雄下狠心了,偏偏石秀把他给挡住了。石秀笑道:"你又来了!你既是公门中勾当的人,如何不知法度?你又不曾拿得他真奸,如何杀得人?倘或是小弟胡说时,却不错杀了人?"

石秀评价杨雄用了一句特别有奥妙的话,"你又来了"。这句话是不是很好笑?石秀为什么这么说,说明杨雄不止一次做过头脑发热的事。石秀的意思是:哥哥,用脑子想事好不好?接下来,石秀说了两层意思。

第一层,你有物证吗?捉贼捉赃、捉奸捉双,没有物证,大白天拿刀杀人?你是公门里的人,执法犯法,罪加一等,不可不可。

第二层,就凭我石秀几句话你就杀了一个人,我万一今天是喝醉酒说的醉话胡话呢!凭几句话就杀人,你也太草率了。

杨雄说:"贤弟,你说怎么办?"大家注意,水泊梁山有很多组合,比如九纹龙史进和青面兽杨志的组合、行者武松和花和尚鲁智深的组合、李逵和项充、李衮的组合,还有一个常用的组合,杨雄、石秀的组合。

在这个组合中，你会发现一个特别的分工规律，每次说话的总是杨雄，动脑子的总是石秀。杨雄带着嘴来，石秀带着脑子来，一般石秀都是出主意的。"兄弟你说怎么办"是杨雄经常说的一句话。

石秀说出了一个想法，离城不远有个僻静所在叫翠屏山，你就跟那妇人说，要去翠屏山烧香，把她和丫鬟引到山里僻静处。我提前在那儿等着你们，咱们来个三头对面，当面锣对面鼓，把这事讲清楚。随后，你写一纸休书，将这人休了，这岂不是真男子大丈夫？不过，杨雄提反对意见了。杨雄说，我已经知道真相了，不必这样吧？贤弟，我也知道你清白了，为什么非要这样呢？石秀说了一句特别要紧的话："哥哥，不光我知道真相，我要你也知道真相。"

亲眼见到、亲耳听到，这就是石秀谨慎的地方。石秀做的是一件拆散人家夫妻、要人家命的事，如果不让当事人亲眼见到、亲耳听到，万一将来后悔了怎么办？喝点酒听兄弟一番话就把自己老婆给杀了，以后想起来又后悔，起了疑心怎么办？因此，石秀的原则是，必须当事人亲眼见、亲耳听。

有时候双方关系比较好，亲密无间，在这个时候，重大的事情你说我信，我说你信，谈上几句就把事定了。可是，人无千日好，花无百日红。将来如果关系疏远了，对方要反悔，这事一无凭，二无据，闹起来怎么办？因此，重大的事情还得让当事人亲眼见、亲耳听，这是石秀细致的地方。

杨雄当下别了石秀，离了客店，且去府里办事。至晚回家，并不提起，亦不说甚，只和每日一般。次日天明起来，对那妇人说道："我昨夜梦见神人叫我，说有旧愿不曾还得。向日许下东门外岳庙里那炷香愿，未曾还得。今日我闲些，要去还了。须和你同去。"那妇人道："你便自去还了罢，要我去何用？"杨雄道："这愿心却是当初说亲时许下的，必须要和你同去。"那妇人道："既是恁地，我们早吃些素饭，烧汤洗浴了去。"杨雄道："我去买香纸，雇轿子。你便洗浴了，梳头插带了等我。就叫迎儿也去走一遭。"杨雄又来客店里相约石秀："饭罢便来，兄弟休误。"石秀道："哥哥，你若抬得来时，只教在半山里下了轿。你三个步行上来，我自在上面一个僻处等你。不要带闲人上来。"

遭到兄弟误解，石秀没有逃避，他谨慎细致地做出了一系列决策，终于消除了杨雄的误会。接下来他们又遇到了一个棘手的问题：究竟该如何解决潘巧云的问题。此时，机智冷静的石秀又想出了一个好办法，然而事情的走向最终背离了他的初衷。那么，接下来又将发生什么出人意料的事情呢？

双方商定在翠屏山上揭露真相以后，杨雄心想：这回我可不能嘴不严了，要做一个嘴严的男人，不该说的绝不能说。他下定决心之后回家了，跟潘巧云说，昨天晚上做了一个梦，梦到神人提醒。当年咱俩结婚的时候我许了个心愿，如果能娶到如花似玉、贤惠善良如你的大美女，将来我要给神仙烧香还愿，可是现在我把这事忘了。昨天晚上梦到这神仙了，所以今天我们商量一下，收拾收拾，准备准备，明天我们去翠屏山那一带还愿。潘巧云说："还愿你去就得了，为何非要我去？"杨雄说："关于我们俩感情的事，当然得咱俩一起去了。你明天吃个斋，沐个浴，打扮打扮，我们一起去。"杨雄这边准备得很充分，既然要做戏就得做真，买了香，买了纸，买了供品，雇了小轿。另外，石秀还提醒杨雄一个要害的事，上翠屏山的时候一定要半路下轿，你带着妇人徒步到山顶来，不要带闲人上山。你看，石秀做事确实很周到。

杨雄果然把几个轿夫按到半山腰，说哥几个都在这儿休息，我们上山，你们就不用受累了，一会儿下山再来相会。然后，他带着丫鬟和潘巧云徒步上翠屏山。石秀早在那儿等着，双方就见面了。接下来的事情按照《水浒传》的描述，可就很残忍了。残忍在哪儿呢？双方经过对质，把真相都讲清了。然后，杨雄一刀斩了丫鬟迎儿，这边把潘巧云捆在树上，开膛摘心。

在《水浒传》里，我们看到很多血腥的场面。有些学生经常问我：

"老师，你咋不讲李逵呢？"因为很多血腥的场面我都特别反感。那为什么要写这个血腥场面呢？《水浒传》不是一个人的作品，是一个时间段之内，很多流行的评书、话本、民间传说汇总起来形成的小说。既然它是市井之人要听的话本，其中就包含很多噱头，它要吸引人，让人觉得刺激、兴奋，所以就有很多恐怖和血腥的描写。这也体现了这些民间故事的作者为了提高上座率，吸引大家来听，不得已对内容做的一点改造。这段血腥的事情我就给大家略掉了，反正就是杀了潘巧云，也杀了迎儿。

我们对杨雄的评价就是"事前糊涂，事后残忍"。为什么说事前糊涂？自己的老婆、自己的家人，没有珍惜、没有重视，自己的感情没有维护，一天到晚忙工作，导致家庭出了危机，出了问题，而且还听信谎言冤枉自己的好兄弟，所以他事前很糊涂，里里外外都糊涂。

那什么叫事后残忍呢？商量好的，到山顶上讲完真相，然后一纸休书把妇人打发走。这白纸黑字写的，红口白牙说的，商量好的事就变成了杀人。潘巧云虽然可恶，但罪不至死。丫鬟迎儿更是无辜的牺牲品，咋把人家也给杀了？整个《水浒传》对小人物的生命都是没有关注、没有尊重的，说杀就杀。书里谈到英雄们报仇雪恨、铲除贪官的时候，经常看到"一门良贱"或"一门老小"都杀了这样的情节，意思就是全家上下、男女老幼、丫鬟仆人都在消灭之列。丫鬟和仆人都是普通老百姓，他们是小人物，他们的生命也应该受到尊重，一下子都消灭，这么大的打击面，不问情由，不分黑白，一通乱刀上去，这恐怕就不能算是单纯的除恶扬善了，锄奸行动已经演变成了屠杀行动。

这种事在李逵身上表现得特别明显。这种滥杀的行为，我希望大家在读《水浒传》的时候有一个仔细的分析、清晰的认识。杨雄的这种残忍和滥杀我们是反对的，整个《水浒传》当中对这些普通老百姓的滥杀都应该被反对。

我们在读一本书的时候，就需要注意一个原则：既能读得进去，也能跳得出来。我们必须分析作者的态度，以及在文字故事背后体现的作者的价值观。

在一些文学作品里，大家经常看到一种描写，叫"红颜祸水"，长得越漂亮的女人越是灾难。丑妻近地家中宝，诸葛亮娶个丑老婆，名垂青史；武大郎娶的是漂亮老婆，不得善终。大家分析一下会发现，红颜祸水分成三类：

第一类是西施、貂蝉型，就是被政治对手利用，勾引身边男人，带来灾难；

第二是潘金莲、潘巧云型，就是为情欲所诱惑，勾引外边男人，带来灾难，一个是勾引家里的汉子，一个是勾引外面的汉子；

第三类是林冲娘子型，本身是无辜的，但长得特别漂亮，她不勾引人，可是她招引男人，最后还是带来灾难。

这是在中国文学作品里三种红颜祸水的类型，离漂亮女生都远点，要不然会倒霉的。为什么要这么写？它并不是体现规律，也并不是警告世人。其实，红颜祸水的理念是典型的男权社会的产物，其实质是掩盖男人面对魅力女性的挫败感和自卑感，还有对女性魅力的恐惧。掌握话语权的一方通过丑化女性，寻找一点心理上的平衡而已。这其实就是吃不到葡萄说葡萄酸的酸葡萄心理。

《水浒传》这本书还有一个很值得注意的问题：英雄不谈爱情，美女全是坏人，男女之情必须否定。书中的这个态度倾向值得我们关注和分析。英雄好汉要结义抱团打天下，可是一旦结婚组建了小家庭，往往战斗决心就会下降。女人争取男人，主要方式是结婚；男人争取男人，主要方式是结义。不能让结婚影响了结义，结义第一，结婚第二，先结义后结婚，或者干脆结义了就不要结婚。这基本上是《水浒传》这类英雄故事的逻辑思维。

我曾经和我的研究生探讨过这个问题。我问学生：作者总是强调英雄不谈爱情，美女都是坏人，这说明作者自己的感情生活是幸福呢，还是不太幸福呢？大家说：不太幸福。

其实，读书的时候很要紧的一件事就是既要看得进去，又要钻得出来。在读一本有情节、有思想、有魅力的著作的时候，我们一定要一边读作品，一边分析作者倾向，否则会被书中的内容误导。比如，有的年轻人看完《水浒传》，就觉得大英雄都不谈恋爱，都鄙视男女之情，美女都是祸水，这样的理解就错了。《西游记》里妖精爱作诗，《水浒传》里美女都是坏人，《聊斋志异》里狐狸精都喜欢书生，这些都属于作者的倾向问题。

我们读一本书的时候，必须分析一下作者的态度和角度，以及在文字故事背后体现的作者的价值观。传统文化就像一件衣服，它很美、很棒，但是上面偶尔也布满了窟窿和虱子。我们传承这件衣服，要传承它的美好，但是那窟窿和虱子大家要看清楚。我们已经讲了血腥的问题、红颜祸水的问题，还有否定家庭的问题。这些问题都需要大家有个清醒的认识。所以，我们再次强调，看一本文化名著要看得进去，也能跳得出来，要看到作者的倾向和价值观。

在翠屏山上，经过当面对质，原本糊里糊涂蒙在鼓里的工作狂杨雄终于知道了全部真相，一怒之下杀了潘巧云和丫鬟迎儿，接下来往哪里去？石秀提出上梁山，但杨雄在这个问题上是有顾虑的。杨雄道："且住！我和你又不曾认得他那里一个人，如何便肯收录我们？"在杨雄、石秀这个组合里，杨雄总是没有主意的一方，石秀总是扮演主心骨的角色。

谈到上梁山，杨雄有两个担心。

第一个是担心遭到拒绝。杨雄觉得自己和石秀不认识梁山好汉，他们能收留吗？石秀说，我听说及时雨宋公明礼贤下士，广纳英雄，你我二人一身好本事，他们会收留的。

第二个是担心因身份遭到排斥。杨雄说："我是一个做公的出身，衙门口出来的，他万一拒绝怎么办？"石秀说："哥哥你错了，他自己不也是个衙门里的押司吗？他出身跟你一样，他不会排斥的。"

另外，石秀给杨雄吃了一颗定心丸。他说当初神行太保戴宗、锦豹子杨林到冀州来的时候，我们已经见过面、留过话，他们邀请我上山，给的银子还在包里面。人家把路费都准备好了，就等着你买飞机票了，哥哥你就放心吧。杨雄这才有了定心丸。

到此为止，杀了潘巧云，旧的冲突已经解决，但是新的冲突又产生了，摊上人命官司必然要遭到官府搜捕。接下来，在上梁山的路上，还有更多的冲突和考验等着杨雄、石秀。

一般来说，面对冲突寻求解决方案，比较极端的两个策略，一个是斗争，另一个是投降。此外，还有很多中间状态的策略可以选择。最常见的有三个，我们结合杨雄、石秀的故事做一些分析。

因为性格鲁莽，素来任性，遇事又不冷静，杨雄既误解了兄弟，又失去了婚姻，把自己的人生一步步推入了不利的境地，可谓人生事业到处是矛盾。一个人在漫长的人生旅途中，遇到矛盾冲突不可避免。当困境来临的时候，人们最容易想到的是两种手段：第一种是软的极端，就是投降、投降，我要投降；第二种是硬的极端，就是对抗、对抗，我要对抗。

在投降和对抗两个极端之间，藏着很多中间策略。这里给大家推荐三个解决冲突的中间策略。

策略一：运用避让-替代策略，放弃风险大的方案，使用风险小的方案

听说要上梁山，杨雄就跟石秀商量：贤弟，目标已经定了，你我二人且回城中，我把家里的金银细软收拾收拾，打个包，然后我们一起上山。杨雄居然要回家收拾东西。石秀一跺脚，心里还是那句话：你又来了，你怎么这么没头脑啊？

石秀说了三点。

（1）哥哥，风险太大。我们回到城里，现在是背着人命官司，万一遇到官府的人，脱不了身怎么办？因此，这方案不可行，我们必须回避。

（2）眼前有钱，我们有替代方案。那包裹里面有钗串首饰，我这边还有梁山的散碎银子，五六个人都花不完。将来我们上了梁山有的是钱，有替代方案。

（3）加快速度，夜长梦多，决定的事赶紧办，要说走赶紧走。

我们再一次看到了杨雄的头脑反应、智慧跟石秀还是差一截。虽然英雄排位上杨雄在前，石秀在后，但实际上在头脑、眼光上面，石秀比杨雄要高很多。有时候杨雄很"熊"，有时候石秀非常"秀"。经过石秀的劝告，我们就能理解什么叫避让-替代：有一个方案风险太大，我们必须回避风险。也就是说，我们找一个风险小的替代方案。虽然说不能全面解决，但基本需求解决就可以了。

在这里，石秀使用的就是避让-替代的策略。不能回家收拾行李，是为了避让官府，包里有金银首饰和散碎银两，虽然不是全部家产，但是目前已经很够用了。事不宜迟，必须马上离开。杨雄关键时刻只是糊里糊涂，但是石秀的思路非常清晰，他及时使用避让-替代的策略说服了杨雄。

智慧箴言

人生要面临很多冲突和斗争，有人说生活就是斗争，人生如同战场。假如人生真的是战场，那么我们要做的就是认真思考哪些战斗可以不打，哪些冲突需要避让。只有懂得避让，才算真正的成熟。

在石秀的劝说之下，杨雄同意了，说贤弟，咱们走吧。两人正要走，突然草丛之间"嗖"的一下跳出一个人来，身手敏捷，动作像鸟一样，把两个人吓一跳。细细一看，这个人骨瘦如柴，三绺油胡，面带微笑，笑嘻嘻走过来说："二位哥哥你们好。"此人是谁呢？冀州地面著名的毛贼，唤作鼓上蚤时迁。

时迁跟杨雄是认识的。时迁是个贼，违反治安管理处罚条例，经常被拘留，杨雄还帮过他，所以认识他。时迁说："我最近没有生意做，在山里面挖几个坟，寻两个钱花。"你看，时迁还是个盗墓贼。时迁要写日记，那就是神偷的故事和盗墓笔记。这种人是梁山好汉最鄙视的，杨雄也不待见他。时迁说："我看到二位哥哥杀人报仇，不敢出来，一听说上梁山，我也想去，咱们一起走吧。"

中国人有一句俗话，不怕没好事，就怕没好人；还有一句话，一只老鼠坏了一锅汤。杨雄、石秀没想到，稀里糊涂带个时迁，就引出来塌天大祸。哪个塌天大祸呢？我们接着就要讲一个著名的水浒故事，叫"时迁偷鸡"。在《水浒传》中，时迁出场的时候，都是一个偷鸡贼的形象，而且京剧和很多地方戏中也有时迁偷鸡的场面。

接下来，就需要讲一讲时迁偷鸡的来龙去脉。同时，在偷鸡的解决方案里，推荐第二个冲突解决策略，叫作避让-弥补策略。

策略二：运用避让-弥补策略，放下争议，寻求合理解决途径

话说杨雄、石秀饥餐渴饮，晓行夜宿，迅速离开冀州奔了郓城地面。这一天，过了香林洼，眼前出现一座大山，山势巍峨，连绵起伏。山前有一条路，路边有一家客店。客店前面守着官道，后面靠着一条蜿蜒的溪水。店前长着几百棵大柳树，盘根错节。小店收拾干净，扎着篱笆，青堂瓦舍，干净整齐。门口还挂着很雅的一副对联，上联写"门关暮接五湖宾"，下联对"庭户朝迎三岛客"。日暮时分，店小二正在那儿要关张，杨雄、石秀抢步上前说："店家，投宿。"精彩的故事就此拉开帷幕。

过去旅行的人住店，有一件事必须做。哪件事呢？自己动手做饭。也就是说，过去的男人都是会做饭的。男人住店，能点餐吗？给我上个黑椒牛柳、鱼香肉丝、宫保鸡丁、熘三样、爆炒腰花，再来个例汤。这些都没有。过去酒店不提供食物，只提供食材。把灶上的锅碗瓢盆给你，给你点米，给你点菜，你自己做，做好了好吃，做差了差吃，做不出来不吃。因

此，行走江湖的人多多少少都会做饭。

在店里投宿以后，肚子叽里咕噜叫，五脏庙空虚，大家都饿了。时迁就说："店家，把你那酒肉粮米拿来，我们要打火做饭。"

店家说："今天的肉确实卖没了，只有一瓮酒。米倒是有，你们随便吃。这边准备了五升米。"三个大老爷们儿，五升白米做饭。那边就把酒打开了，有酒无肉。这几个人饭吃得就挺难受。

石秀眼尖，一抬头发现，小山村野店，门口居然搭一个刀枪架子，一字排开有十几把朴刀。石秀问店小二："你一个开店的家里为什么有刀？"店小二就说："这大山唤作独龙冈，方圆三百里都是祝家庄。此处离梁山很近，所以我们整个庄里都办团练。庄主祝朝奉给每家都发两把朴刀，防备梁山贼人。我这小店经常有人来，所以按人发刀，刀就多了一些。"石秀抖了个机灵："我有银两，卖几把给我们使用如何？"店小二说："那可不行，每把刀都有编号，卖了主人要打我。"管理很周全啊，每把刀都有编号。石秀说："我就是开个玩笑。"看石秀多机灵，几个人继续吃饭。店小二说："客官慢吃，我去睡觉了。"

他刚走，时迁就回来了，端着热气腾腾的大盘鸡："哥哥，来，吃。"这鸡哪儿来的？时迁的说法是，没有个肉菜，这酒喝得寡淡。我出去转圈发现后院笼子里有只报晓鸡，我就把它抱出来，到西边宰了，放了血，开了膛，收拾干净，在后厨里一碗热汤煮得酥烂，拿来给哥们儿下酒。杨雄说了一句话："你这还是贼性不改啊！"石秀说："看看，你还是愿意干这偷鸡摸狗的勾当。"三个人哈哈大笑。通过这一笑，我们知道他们并没把偷鸡当回事。

有句话说得好，小跟头大伤口，小冲突大灾难。几个人都没想到，吃鸡会带来后续一系列严重问题。哥仨推杯换盏，手撕鸡吃得很痛快，吃完饭就躺下睡了。店小二心里不安稳，出来巡查，发现报晓鸡没了，到房间一看，地上有毛，锅里有汤，桌上有骨头。这是偷了我的鸡，店小二就急了，大喝一声："你怎敢偷我家的鸡吃？"时迁抵赖："没偷没偷就没偷，你家的鸡让黄鼠狼偷了，让老鹰偷了，让山里的那个什么猛兽偷了，它怎么可能是我偷了呢？天下到处都有卖鸡的，谁吃鸡都是你家的鸡吗？"

店小二说："就是你偷的，笼子还开着门，这又没别的鸡。"一见店小二急眼了，石秀说话了。石秀和时迁不一样，他不想抵赖，既然吃了人家的鸡当然要给钱嘛，估计当时吃鸡的时候也是这么想的。所以，石秀道："不要争，值几钱，陪了你便罢。"

石秀这几句话就是一个很典型的避让-弥补策略。首先，不要纠缠偷不偷的问题，这叫避让；其次，你的鸡被我们吃了，赔你损失，拿钱再买一只就是了，这叫弥补。石秀的策略就是回避矛盾冲突，你说损失我赔你。这是个很好的解决方案。很多时候，当双方发生激烈矛盾时，是可以用避让-弥补策略迅速解决问题的。

记得以前我在企业做管理工作，有一年夏天，天气特别闷热，偏偏会议室空调出了问题。我提前跟行政科的负责人约好安排人晚上修空调，第二天上班却发现根本没有修。眼见下午要开会，我打电话找行政科长追问此事，对方却说前一天我并没有联系过他。这下我火气就上来了，气得摔了电话，心里想：怎么能这样呢？当面说瞎话，这人品太差了！我正要准备登门讨伐兴师问罪的时候，我师父过来了。听完整个情况，师父给我讲了两个道理。第一，你到底要解气还是要解决问题？现在修空调还来得及，如果把这一上午用来吵架，那下午的会议真的要受影响了。第二，对方万一真的是忘记了呢？行政科事情多头绪多，疏漏也是难免的。如果你表示理解，人家接下来顺顺利利就帮你把空调修好了；如果你一副兴师问罪的样子，双方把关系闹僵了，谁还帮你修空调？

经过这么一劝，我立刻意识到自己太意气用事，处理问题太情绪化了。接下来，我亲自登门进行沟通，表达了歉意和理解。对方态度也很好，下午上班之前就把空调问题解决了。后来，我们关系处得很好，工作配合也十分顺畅。

这是一件小事，但给我的印象很深。年轻人做事情，往往太关注自己的情绪,看到对方的不顺眼之处,就火冒三丈、激动不已,非要分个你长我短,最后在争吵当中把核心的事情耽误了,而且还造成彼此对立的局面,影响了未来的工作。

智慧箴言

> 做事情要始终保持以目标为导向,一旦出了问题,一定要把注意力集中在如何迅速弥补、怎么维护大局上;千万不能意气用事,动不动就上纲上线对别人不依不饶,这属于小病大治、小题大做,最后会导致两败俱伤、大局受损。

这祝家庄的店小二平时有祝家庄撑腰,也是霸气惯了,为人处世只有争斗没有避让。当时见石秀口气中有服软示弱的趋势,店小二当即不依不饶地说:"我的是报晓鸡,店内少他不得。你便陪我十两银子也不济,只要还我鸡!"鸡都吃了还要鸡,这明摆着是不想和解。石秀就气了,杨雄也气了,好心赔你钱,你还撒起泼来了!石秀是什么人,绰号拼命三郎。见店小二得寸进尺,石秀当即大怒道:"你诈哄谁,老爷不赔你便怎地?"

店小二哪里知道眼前这几位英雄的厉害,还是一副有恃无恐的样子,笑道:"客人,你们休要在这里讨野火吃。只我店里不比别处客店,拿你到庄上,便做梁山泊贼寇解了去。"一句话惹恼了英雄,石秀听了大骂道:"便是梁山泊好汉,你怎么拿了我去请赏!"杨雄也怒道:"好意还你些钱,不陪你怎地拿我去!"小二叫一声:"有贼!"只见店里赤条条地走出三五个大汉来,径奔杨雄、石秀来。被石秀手起,一拳一个都打翻了。小二哥正待要叫,被时迁一掌打肿了脸,作声不得。这几个大汉都从后门走了。

小矛盾就是这样演化成大灾难的:双方不依不饶,谁都不肯避让,越来越情绪化,越来越激动,随后酿成激烈冲突。

做事情有两种状态,始终关注大局叫静气,只会关注自己的情绪叫躁气，我们要存静气、除躁气。年轻人做事情，一开始是躁气多、静气少，随着经验的积累和修养的提升，慢慢地就会静气多、躁气少，最终达到胸怀全局、从容不迫的状态。

打走了众庄客，杨雄道："兄弟，这厮们以定去报人来。我们快吃了饭走了罢。"

三个当下吃饱了，把包裹分开腰了，穿上麻鞋，跨了腰刀，各人去枪架上拣了一条好朴刀。石秀道："左右只是左右，不可放过了他。"便去灶前寻了把草，灶里点个火，望里面四下焠着。看那草房被风一扇，刮刮杂杂火起来。那火顷刻间天也似般大。三个拽开脚步，望大路便走。

三个人行了两个更次，只见前面后面火把不计其数，约有一二百人，发着喊赶将来。石秀道："且不要慌，我们且拣小路走。"杨雄道："且住，一个来杀一个，两个来杀一双，待天色明朗却走。"说犹未了，四下里合拢来。杨雄当先，石秀在后，时迁在中，三个挺着朴刀来战庄客。那伙人初时不知，轮着枪棒赶来，杨雄手起朴刀，早戳翻了五七个。前面的便走，后面的急待要退。石秀赶入去，又搠翻了六七人。四下里庄客见说杀伤了十数人，都是要性命的，思量不是头，都退了去。三个得一步，赶一步。正走之间，喊声又起。枯草里舒出两把挠钩，正把时迁一挠钩搭住，拖入草窝去了。石秀急转身来救时迁，背后又舒出两把挠钩来，却得杨雄眼快，便把朴刀一拨，两把挠钩拨开去了。将朴刀望草里便戳。发声喊，都走了。两个见捉了时迁，怕深入重地，亦无心恋战，顾不得时迁了，且四下里寻路走罢。见东边火把乱明，小路上又无丛林树木，两个便望东边来。众庄客四下里赶不着，自救了带伤的人去。将时迁背剪绑了，押送祝家庄来。

策略三：运用避让-转移策略，对于无法实现的目标，合理调整，及时撤退

杨雄、石秀不敢恋战，只好先逃脱险境，再想搭救办法。且说杨雄、石秀走到天明，望见前面一座村落酒店。两个便入村店里来，倚了朴刀，对面坐下。叫酒保取些酒来，就做些饭吃。酒保一面铺下菜蔬按酒，盪将酒来。方欲待吃，只见外面一个人奔将入来。身材长大，生得阔脸方腮，眼鲜耳大，貌丑形粗。穿一领茶褐绸衫，戴一顶万字头巾，系一条白绢搭膊，下面穿一双油膀靴。此人却是杨雄的熟人，姓杜名兴，中山府人氏，因为他面颜生得粗莽，以此人都叫他作鬼脸儿。以前杜兴做买卖来到蓟州，与人斗气打死了客人，吃官司监在蓟州府里。幸亏杨雄见他是个好汉，一力维持，搭救了他。这真是他乡遇故人。

杜兴问杨雄："恩人你如何到这儿？"杨雄就把偷鸡烧店、时迁被抓这件事说了。杜兴道："恩人不要慌，我教放时迁还你。"原来杜兴在本地一个大官人手下做管家，很受器重。杜兴承诺请这位英雄出面，一定可以搭救时迁。杨雄道："此间大官人是谁？"杜兴道："此间独龙冈前面有三座山冈，列着三个村坊：中间是祝家庄，西边是扈家庄，东边是李家庄。这三处庄上，三村里算来总有一二万军马人等。惟有祝家庄最豪杰，为头家长唤做祝朝奉，有三个儿子，名为祝氏三杰：长子祝龙，次子祝虎，三子祝彪。又有一个教师，唤做铁棒栾廷玉，此人有万夫不当之勇。庄上自有一二千了得的庄客。西边有个扈家庄，庄主扈太公，有个儿子唤做飞天虎扈成，也十分了得。惟有一个女儿最英雄，名唤一丈青扈三娘，使两口日月双刀，马上如法了得。这里东村庄上，却是杜兴的主人，姓李名应，能使一条浑铁点钢枪，背藏飞刀五口，百步取人，神出鬼没。这三村结下生死誓愿，同心共意，但有吉凶，递相救应。惟恐梁山泊好汉过来借粮，因此三村准备下抵敌他。如今小弟引二位到庄上见了李大官人，求书去搭救时迁。"

李应的出场也意味着这段故事渐入高潮。李应想了一些办法搭救时迁，虽然最后没有成功，他却合理地使用了避让-转移策略，有效避免了自己深陷矛盾之中。

三个离了村店，便引杨雄、石秀来到李家庄上。杨雄看时，真个好大庄院。外面周回一遭阔港，粉墙傍岸，有数百株合抱不交的大柳树。门外一座吊桥，接着庄门。入得门来到厅前，两边有二十余座枪架，明晃晃的都插满军器。杜兴道："两位哥哥在此少等，待小弟入去报知，请大官人出来相见。"杜兴入去不多时，只见李应从里面出来。杨雄、石秀看时，果然好表人物。有《临江仙》词为证：

鹘眼鹰睛头似虎，燕颔猿臂狼腰，疏财仗义结英豪。爱骑雪白马，喜着绛红袍。背上飞刀藏五把，点钢枪斜嵌银条。性刚谁敢犯分毫。李应真壮士，名号扑天雕。

当时李应答应帮助杨雄、石秀搭救时迁，他请门馆先生修了一封书缄，填写名讳，使个图书印记，便差一个副主管骑了快马，火速去祝家庄要人。

巳牌时分，那个副主管回来。李应唤到后堂问道："去取的这人在那里？"主管答道："小人亲见朝奉下了书，倒有放还之心。后来走出祝氏三杰，反焦躁起来，书也不回，人也不放，定要解上州去。"很明显，祝朝奉准备放人，但三个儿子为火烧祝家店的事情不依不饶，不肯放人。

李应失惊道："他和我三家村里，结生死之交，书到便当依允。如何恁地起来？必是你说得不好，以致如此！杜兴，你须自去走一遭，亲见祝朝奉，说个仔细缘由。"

这次杜兴拿着李应亲笔信来要时迁。三公子祝彪把杜兴连带李应都骂了个狗血喷头，还要抓杜兴。幸亏这鬼脸儿手脚利落，马快，才得以脱身，回来气得满脸涨红，把这事跟李应说了。那李应是什么人？大英雄宁折不弯，人可以不要，你不能骂我。那李应听罢，怒从心上起，恶向胆边生。心头那把无明业火高举三千丈，按纳不下。大呼庄客："快备我那马来！"杨雄、石秀谏道："大官人息怒。休为小人们坏了贵处义气。"李应那里肯听，便去房中披上一副黄金锁子甲，前后兽面掩心，穿一领大红袍，背胯边插着飞刀五把，拿了点钢枪，戴上凤翅盔，出到庄前，点起三百悍勇庄客。杜兴也披一副甲，持把枪上马，带领二十余骑马军。杨雄、石秀也抓扎起，挺着朴刀，跟着李应的马，径奔祝家庄来。日渐衔山时分，早到独龙冈前，但将人马排开。原来祝家庄又盖得好，占着这座独龙山冈，四下一遭阔港。那庄正造在冈上，有三层城墙，都是顽石垒砌的，约高二丈。前后两座庄门，两条吊桥。墙里四边，都盖窝铺。四下里遍插着枪刀军器。门楼上排着战鼓铜锣。李应勒马在庄前大骂："祝家三子，怎敢毁谤老爷！"只见庄门开处，拥出五六十骑马来。当先一骑似火炭赤的马上，坐着祝朝奉第三子祝彪出马。

祝彪道："贼人时迁已自招了，你休要在这里胡说乱道，遮掩不过！你去便去，不去时，连你捉了也做贼人解送。"李应大怒，拍坐下马，挺手中枪，便奔祝彪。两边擂起鼓来。祝彪纵马去战李应。两个就独龙冈前，一来一往，一上一下，斗了十七八合。祝彪战李应不过，拨回马便走。李应纵马赶将去。祝彪把枪横担在马上，左手拈弓，右手取箭，搭上箭，拽满弓，觑得较亲，背翻身一箭。李应急躲时，臂上早着。李应翻筋斗坠下马来。祝彪便勒转马来抢人。杨雄、石秀见了，大喝一声，捻两条朴刀，直奔祝彪马前杀将来。祝彪抵当不住，急勒回马便走，早被杨雄一朴刀戳在马后股上。那马负疼，壁直立起来，险些儿把祝彪掀在马下。

杜兴扶着李应，回到庄前，下了马，同入后堂坐。众宅眷都出来看视。拔了箭矢，伏侍卸了衣甲，便把金疮药敷了疮口。大家连夜在后堂商议下一步的对策。李应对杨雄、石秀说："二位贤弟抱歉，我受了箭伤，人找不回来了，你们不如搬请梁山兵马来帮忙吧。"

扑天雕李应有自己的做事模式，能做的事我们就做，做不了的事让别人去做，能办就办，不能办及时撤退。

李应的态度很明确：我很想帮助二位，但是书信要人、当面要人都失败了，我自己也受了箭伤；看来你们要去梁山另想办法，我只能做到这个程度了。这就是很典型的避让-转移策略，努力之后如果发现实力有限，目标没法实现，立刻采取调整措施，所谓打得赢就打，打不赢就走，保持战略的灵活性，不做无谓的牺牲。这反映出李应的成熟老练之处。

扑天雕这个人物在《水浒传》中还是比较独特的，他在"路见不平一声吼，该出手时就出手"的好汉队伍当中是十分懂得避让的一个。在《水浒传》的后续内容中，李应还有两次避让。一次是宋江来访，避而不见。宋江攻打祝家庄失利，在杨雄的建议下，备礼去见李应，打算与他商讨对策。李应夹在两股势力之间左右为难，于是以"臂伤未愈，卧病在床"为由，婉拒宋江，避而不见，也不肯接受礼物。第二次是辞官避祸，返回家乡。征方腊平江南后，李应回京受封，被授为武节将军、中山府郓州都统制。他到任半年，闻听柴进隐退，便推称风瘫，辞官不做，返回故乡独龙冈，与杜兴同做富豪，最后得以善终。这些冷静的避让措施都反映出李应的成熟和稳健。

既然李应救助行动失败了，接下来杨雄、石秀要想搭救时迁，就只能请梁山出动大军攻打祝家庄，一场尸山血海的战役就这样徐徐拉开了序幕。可以说，时迁偷鸡是三打祝家庄的直接导火索，所以这场战役又可以称为"一只鸡引起的战争"。

梳理一下事情的来龙去脉，我们会发现，实际上祝家庄有三次机会避免灾难的发生：第一次是店小二接受赔偿；第二次是李应修书要人的时候直接放人；第三次是李应上门要人的时候，祝彪不要跟人家动手，把时迁交给人家。但是，从祝家店的店小二到祝家三虎，都是一副争强好胜的样子，处理矛盾冲突不懂得避让妥协，只会好勇斗狠，结果放大了矛盾，招来了敌人，得罪了朋友，最后导致庄破人亡、满门屠灭的惨剧。这一章叫"扑天雕双修生死书"。为什么叫生死书？书信事关生死，而且关系的不仅仅是时迁、李应的生死，还事关祝家庄这些人的生死。因此，咱们中国人处理矛盾讲究一句话：

> 【智慧箴言】
>
> 得饶人处且饶人，退一步海阔天空，原谅别人也是解脱自己。

为人处世一定要去躁气、存静气，情绪化是一场灾难。祝家庄的教训是很深刻的。接下来杨雄、石秀上梁山，要引来大军攻打祝家庄，搭救时迁。那么，水泊梁山会不会为一个偷鸡贼兴师动众大动干戈？杨雄、石秀上梁山又会遭遇怎样的曲折呢？我们下一讲接着说。

第十一讲
有缺点的朋友才是真朋友

俗话说,金无足赤,人无完人。在一个团队里,每位员工身上多多少少都会存在短板,都有可能犯错误。那么,作为团队管理者,该如何正确地看待属下的缺点和不足呢?对于这个问题,水泊梁山的大头领宋江就看得比较透。众兄弟来自五湖四海,大家各怀绝技,能力非凡,但与此同时,很多人身上也存在着各种缺点。那么,作为领导者,宋江会如何看待属下的短板和不足,我们从中能受到怎样的启发呢?

人生在世,解决好什么问题最重要?相信每个人都有自己的答案,比如健康问题、家庭问题、事业问题等。在这里,我也给大家提供一个参考意见:人生在世有一个重要的问题一定要解决好,这就是"和谁在一起的"问题。

生活经验告诉我们,幸福的生活不是你怎么过,而是你和谁一起过;成功的道路不是你怎么走,而是你和谁一起走。所以,《三国演义》第一章叫"宴桃园豪杰三结义,斩黄巾英雄首立功",《水浒传》里梁山好汉做第一票生意那一章叫"赤发鬼醉卧灵官殿,晁天王认义东溪村"。《三国演义》叫"结义",《水浒传》叫"认义",《西游记》叫"收徒",《红楼梦》叫"认亲",这些讲的都是一个问题——先有队伍后有事业,找到人就找到了方向。

一个人的力量是有限的，必须依靠团队的力量才能做成大事。管理的本质就是把"我"变成"我们"。从我一个人会，变成我们大家都会；从我一个人想，变成我们大家都想；从我自己努力，变成我们大家都努力。可是，俗话说得好，林子大了什么鸟都有。在队伍壮大的过程中，就会遇到一个巨大的挑战，这个挑战就是——在多样化的团队里，如何看待别人身上的缺点和不足。这个问题处理不好，队伍就会出现混乱和危机。在这一讲中，我借助杨雄、石秀上梁山的故事，和大家一起探讨这个问题。

细节故事：石勇接待上梁山

杨雄、石秀辞别扑天雕李应，从李家庄收拾东西走出来。哥俩一商量，事不宜迟，夜长梦多，必须抓紧时间前往梁山搬救兵。二人下定决心，加快脚步，走了几日就来到梁山脚下。

两人望见远远一处新造的酒店，那酒旗直挑出来。两个人到店里，买些酒肉吃饱了，就打听上山的路程。这酒店却是梁山泊新添设的情报点，掌管酒店的是梁山好汉石将军石勇。

见杨雄、石秀二人相貌非常，随身带着兵器，又打听上山的道路，石勇就警觉了："你两位客人从那里来？要问上山去怎地？"杨雄道："我们从蓟州来。"石勇猛可想起道："莫非足下是石秀么？"杨雄道："我乃是杨雄。这个兄弟是石秀。大哥如何得知石秀名？"石勇慌忙道："小子不认得。前者戴宗哥哥到蓟州回来，多曾称说兄长，闻名久矣。今得上山，且喜，且喜！"三个叙礼罢，杨雄、石秀把上件事都对石勇说了。石勇随即叫酒保置办分例酒来相待，推开后面水亭上窗子，拽起弓，放了一枝响箭。只见对港芦苇丛中，早有小喽罗摇过船来。石勇便邀二位上船，直送到鸭嘴滩上岸。石勇已自先使人上山去报知。早见戴宗、杨林下山来迎接。俱各叙礼罢，一同上至大寨里。

我们先来分析一下石勇的背景资料。石勇绰号"石将军",原是北京大名府人,自幼家境贫寒,练就一身好本事,特别有力气。石勇的拳头非常厉害,赌场上碰到有人出老千,一拳将人打死,逃在江湖之上,在柴大官人庄上住过几个月。他听得往来江湖上人说起宋江大名,因此特去郓城县投奔宋江,在宋江家中住了一夜。宋太公托石勇给宋江送信。石勇一直追寻宋江,直至在对影山附近一家酒店与宋江、燕顺相遇,得到宋江应允,跟随上了梁山。

石勇这个人就像他的名字一样有两个特点,一是憨直实在,二是勇猛过人。

(1)他占一个"实"字,朴实、厚道、质朴、憨厚,实打实的。宋江的父亲宋太公求石勇帮自己找儿子。石勇天南海北,跑遍了整个江湖,一路追踪宋江。后来在酒店里喝酒,占了一个阳光空座,有人商量叫他让座,石勇非常憨厚地说,我这座位一个让给柴大官人,一个让给宋公明哥哥,其他人便是皇帝来了我也不让,死也不让。

(2)他占一个"勇"字,勇武有力、勇猛过人。《水浒传》写石勇一拳将对手打死。鲁提辖拳打镇关西,那是三拳打死的;武松打老虎,三拳两脚打死;石勇一拳就把对方打死了,可见其勇猛过人。

石勇这个人,又实在又憨厚,还兼一身好本事。梁山特意安排他在山下酒店负责迎来送往,接纳五湖四海的好汉上山。憨厚质朴、实实在在的石将军石勇,把小酒店的接待工作搞得很好。他虽然不是大英雄,但在这个接待岗位上却发挥了十分重要的作用。

在这里,我们要谈一个跟现实结合非常紧密的问题——"守门人"的重要性。

《韩非子》中记载了一个有趣的故事。宋国有个卖酒的人,每次卖酒都量得很公平,对客人殷勤周到,酿的酒又香又醇,店外酒旗迎风招展,高高飘扬。然而,没有人来买酒,时间一长,酒都变酸了。卖酒者感到迷惑不解,于是请教住在同一条巷子里的长者杨倩。杨倩问:"你养的狗很凶吧？"卖酒者说："狗凶，为什么酒就卖不出去呢？"

杨倩回答："人们怕狗啊。大人让孩子揣着钱提着壶来买酒，而你的狗却扑上去咬人，这就是酒变酸了、卖不出去的原因啊！"

韩非子告诫我们，做事情也是这样：如果那些心术不正、心胸狭窄、嫉贤妒能的人，把住了人才选拔的通道，堵塞了团队的贤路，那些仁人志士、青年才俊就没有机会冒尖，没有机会进入我们的视野。要想事业发达，团队壮大，就必须赶走"猛狗"，这种"守门人"会给团队造成巨大的损失。

智慧箴言

> 用现代管理的眼光来看，人力资源领域的人，特别是负责选拔、招聘的人，都属于守门人，一定要性格温和、为人厚道，千万不能用那种心术不正、性格粗暴的人。心术不正就会假公济私、藏污纳垢，性格不好就会导致沟通失败、人才流失。

曾经和一家公司的领导闲聊，提到了校园招聘的事情。我说，一定要选性格温和、形象优雅的人负责这项工作，千万不能安排脾气大、性子急的人。大家想想看，安排黑旋风李逵型的人来负责校园招聘，那肯定把同学们都吓跑了，落得个狗猛酒酸的结局。

梁山安排憨厚朴实、心地善良的石勇来做"守门人"，是非常合适的。杨雄、石秀、戴宗、杨林，再加上石将军石勇，五个人高高兴兴上梁山。此时，杨雄、石秀那心情，真是哑巴娶媳妇——说不出的高兴，飞机上扭秧歌——高兴上天了！

不过，梦想成真的时候还要保持清醒，得意时候不要忘形，失意时候不要崩溃，中和的形态是最好的，因为福与祸、好与坏的反转，可能就是一瞬间的事情。杨雄、石秀喜出望外，高高兴兴上了梁山，但是二人没想到，接下来他们将面临的却是杀身之祸。

在团队中，人才引进者至关重要，他们若能慧眼识珠，团队就会拥有良好的人才储备和无穷的发展潜力。杨雄与石秀运气非常好，在石勇的介绍下顺利地加入了梁山团队。然而，他们万万没想到，一到梁山就在大头领晁盖那里摔了跟头。那么，杨雄和石秀到底做了怎样的错事，竟惹得晁盖勃然大怒呢？宋江又是如何劝解晁盖并展现了哪些用人的策略呢？

策略一：放下完美主义，以战略眼光看待别人的缺点和不足

众头领知道有好汉上山，都来聚会，大寨坐下。戴宗、杨林引杨雄、石秀上厅参见晁盖、宋江并众头领。相见已罢，晁盖细问两个踪迹。杨雄、石秀把本身武艺、投托入伙先说了。众人大喜，让位而坐。酒过三巡，菜过五味，杨雄、石秀就开始讲自己上山的历程，讲到了时迁偷鸡、火烧祝家店、李应双修生死书。不说万事皆休，才然说罢，晁盖大怒，喝叫："孩儿们！将这两个与我斩讫报来！"

杨雄、石秀都傻了，旁边英雄也傻了。这大哥咋了？友谊的小船说翻就翻，刚才不是还在碰杯吗？这脸变得也太快了。宋江赶紧站起来说："哥哥息怒！两个壮士不远千里而来，同心协助，如何却要斩他？"

晁盖勃然大怒，他怒的是什么？分析一下可以发现，晁盖动怒有三个原因。

第一，偷鸡贼不光明磊落。梁山好汉是忠义之士，高风亮节、光明磊落，你们这些偷鸡贼也想上梁山，把我们当成什么人了？可恼可恨。

第二，给梁山抹黑。你们偷人家鸡时却说自己是梁山的，这是往我们脸上抹黑，可恼可恨。

第三，把英雄的脸都丢光了。你们把人家摆平了打败了，说自己是梁山的，也算往我脸上贴点金；你们被别人摆平了，打得鼻青脸肿，最后说自己是梁山的，太丢人了。你们这不是败坏梁山的名声吗？可恼可恨！

宋江就站出来了："哥哥，不能杀，不能杀！"宋江讲出三个理由。

第一,他们不远千里前来投奔,你把他们宰了以后谁还来投奔?这叫自绝贤路。

第二,偷鸡的是时迁,这二位英雄是吃鸡的,不是偷鸡的。

第三,早听说祝家庄专门和梁山为仇作对,这次祝家庄故意小题大做,这是冲我们来的。我们山寨上钱粮有限,并不是我们要惹他,他来挑逗我们,我们顺道就把他给灭了,还能得三五年的钱粮。这岂不很好?

宋江劝住道:"不然!哥哥不听这两位贤弟却才所说,那个鼓上蚤时迁,他原是此等人,以致惹起祝家那厮来,岂是这二位贤弟要玷辱山寨?我也每每听得有人说,祝家庄那厮要和俺山寨敌对。即目山寨人马数多,钱粮缺少。非是我等要去寻他,那厮倒来吹毛求疵,因而正好乘势去拿那厮。若打得此庄,倒有三五年粮食。非是我们生事害他,其实那厮无礼。哥哥权且息怒,小可不才,亲领一支军马,启请几位贤弟们下山去打祝家庄。若不洗荡得那个村坊,誓不还山。一是与山寨报仇,不折了锐气;二乃免此小辈,被他耻辱;三则得许多粮食,以供山寨之用;四者就请李应上山入伙。"

实际上,宋江详细地给晁盖讲了攻打祝家庄的四个好处。

第一个好处,给山寨报仇,名扬四海,不折了锐气。

第二个好处,救出时迁,给小人物找出路,让天下英雄觉得我们梁山够朋友。

第三个好处,能得大批钱粮,改善山寨的后勤供应。

第四个好处,请扑天雕李应大英雄上山聚义,壮大英雄的队伍。

接下来智多星吴用、锦豹子杨林、神行太保戴宗,都替宋江帮腔,为杨雄、石秀求情。晁盖点点头,叹了一口气说:"好吧,听你们的,不杀了。"

人没有十全十美的,在多样化的团队中,有些人虽然不是坏人恶人,但是他们有缺点,犯过错误,团队领导应该怎样对待这些人呢?在处理这件事情上,我们看到:第一,宋江有远见,晁盖没有;第二,晁盖用静止的眼光看待一个人的错误，盯着过去的小毛病不放，宋江用发展的眼光看待别人的错误。谁都有毛病，但人是要发展的，革命队伍都是在前进的过程中锻炼出来的。

这就涉及一个战略问题：在合作过程中如何对待别人身上的缺点和不足。《资治通鉴》记载了一个子思推荐将军苟变的故事，很值得我们大家思考。

子思推荐将军苟变的故事

子思言苟变于卫侯曰："其才可将五百乘。"公曰："吾知其可将；然变也尝为吏，赋于民，而擅食人二鸡子，故弗用也。"子思曰："夫圣人之官人也，犹匠之用木也，取其所长，弃其所短；故杞梓连抱而有数尺之朽，良工不弃。今君处战国之世，选爪牙之士，而以二卵弃干城之将，此不可使闻于邻国也！"公再拜曰："谨受教矣！"（选自《资治通鉴》）

子思向卫侯谈论苟变说："苟变的才干可以统率五百乘。"卫侯说："我知道他能够为将，不过他曾经做过官吏，收民税时吃过人家两个鸡蛋，所以不能用他。"子思说："圣主选用人才，就像木匠选用木材一样，用他的长处，舍弃他的短处；因此几搂粗的良材而只有几尺腐朽的地方，好木工是不会抛弃它的。现在君王您正处在列国纷争的时代，选拔得力将士，却因为两个鸡蛋的小过就把卫国良将弃置不用，这事可不能让邻国人知道啊！"卫侯连拜两拜说："谨受您的教导！"

子思用"良匠选木材"的比喻说明了选人用人的基本原则——取其所长，弃其所短，用人者要善于包容，有宽阔胸怀。人有缺点很正常，不能因为有点毛病就全盘否定。

在用人上，晁盖的观点是，因为你过去业绩不好，我决定不用你；宋江的观点是，过去业绩不好，将来还可用。在这方面，宋江是比晁盖高明的。依据现代的组织行为学和管理心理学的研究，我总结了五种看待缺点的方式。

（1）用发展的眼光看缺点。每个人都是要学习成长的，有缺点没关系，金无足赤，人无完人，人是要成长的，可以学习进步，可以成长改正。每只白天鹅小的时候都是丑小鸭。因此，我们不能用静止不变的眼光看人，有毛病只要能改就好，过而改之，善莫大焉。

（2）用整体的眼光看缺点。用人就是要扬长避短，不能因为一点小的缺点就全面否定一个人，不能因为几个腐朽的树枝就放弃一棵参天大树。人有人的毛病，东西有东西的毛病，痰盂再好不能盛米饭，瓦罐再破可以沏龙井。有些人就是瓦罐型人才，虽然有毛病，但是可以登大雅之堂；有些人就是痰盂型人物，虽然没啥毛病，但是上不了台面。

（3）用示范的眼光看缺点。人家不远千里前来投奔，你这里因为一点小毛病就把人杀了，下一次谁还敢来投奔，这叫自绝贤路。相反，对于一个有缺点有毛病的人，我们都热情接待，合理使用，那天下英雄就会闻风而动，纷纷前来投奔，我们的事业就会欣欣向荣。

（4）用互补的眼光看缺点。有缺点没关系，可以通过搭配的方法很好地解决，精彩都是搭配出来的。心胸狭窄的配一个胸怀宽广的，不爱说的闷葫芦配一个能说会道的小广播，又肉又磨的"肉夹馍"就配一个"麻辣烫"，喜羊羊搭配懒羊羊，灰太狼搭配红太狼，熊大、熊二就配一个光头强。精彩都是搭配出来的，五个手指有长有短，搭配起来就是灵活有力的手掌。

（5）用认同的眼光看待缺点。这是最难也是最重要的。人跟人打交道，你能看到他的缺点不足，这是好事。天倾于西北，地不满于东南，连天地都有毛病，何况是人呢？真跟一个人打交道，短短两个月，你就能看到他的毛病。这说明：第一，他真诚，没骗你；第二，你有理智，眼睛没进沙子，脑子没进水；第三，你可以发挥他的优点，避开他的缺点。在这种情况下，他有真诚，你有理智，优点可用，缺点可控，这个朋友就可交。

怕就怕看到一个人，左看左顺眼，右看右顺眼，怎么看怎么也看不出毛病，用文学语言来描述，即春天看着像花，秋天看着像果，夏天摸着像冰，冬天搂着像火。这时问题就来了，明明人人都有毛病，为什么就看不到他的任何毛病呢？这说明他的水平比你高、段位比你高，赶紧撤，不要迟疑，否则就会掉进陷阱里。你防他根本防不住，他坑你坑得结结实实，你的每个愿望都无法实现，他的每个要求你都要落实。这个关系就是京剧样板戏唱的那段"你找他苍茫茫大地无踪影，他捉你神出鬼没难躲藏"，这是要出大事的。什么花完美无缺？假花。什么人完美无缺？假人。完美的方案不是骗局就是偏见，完美的人往往都是一个坑！

选人用人就怕糊里糊涂非要找一个完美无缺的，比这个更可怕的是，你居然找到了！想找是糊涂，找到了是灾难！

智慧箴言

有缺点才是正常的，有缺点才是可靠的，稳定的人际关系都是基于缺点展示和缺点认同的关系。

咱俩交朋友，保准让你在一个月之内，看到我所有的缺点和不足，能接受我们更进一步，不能接受我们保持现状。这才是坦诚交流的态度。

总结一下，对待缺点和毛病，应该有五种眼光：发展眼光、整体眼光、示范眼光、互补眼光、认同眼光。这是一个团队的带头人应该有的胸怀和境界。晁盖在这一点上有所欠缺，他确实不如宋江会带队伍。

因为宋江的眼光高、格局大，众多好汉纷纷加入梁山团队，梁山事业迎来了前所未有的发展机遇。在众多梁山能人中，杨雄、石秀并不算突出，而且还存在一些缺点和问题。那么，既然如此，宋江为何会安排大家大张旗鼓地接待他们，这其中又暗含着哪些团队建设的好办法呢？

策略二：运用标杆示范，善待眼前人，吸引天下人

晁盖发完脾气了，宋江安抚道："贤弟休生异心！此是山寨号令，不得不如此。便是宋江，倘有过失，也须斩首，不敢容情。如今新近又立了铁面孔目裴宣做军政司，赏功罚罪，已有定例。贤弟只得恕罪，恕罪！"

一阴一阳之谓道也，带队伍黑脸红脸策略非常重要。晁盖扮演完黑脸，宋江连忙扮演红脸，对杨雄、石秀二人进行解释和安抚工作。这一策略在日常家庭生活中也非常有用：爸爸要是训了孩子，妈妈就安慰一下；妈妈要是发了脾气，爸爸就和蔼地关心一下。这样的方法才能保证管教效果，而且不会引发对立，不会留下后遗症。安抚工作之后，杨雄、石秀的待遇还是不错的，水泊梁山为二位头领上山准备了热烈的欢迎仪式和盛大的欢迎宴会。

晁盖安排杨雄、石秀，坐于锦豹子杨林之下。整个山寨的小喽啰，分成组一拨一拨进来磕头拜见新头领。梁山给杨雄、石秀每人专门准备了一套小院，每人拨了十个小喽啰，服侍生活。跑前跑后、端茶倒水、擦桌子扫地的，都有了。整个山寨庆祝三天，杀牛宰羊大摆宴筵，推杯换盏称兄道弟。梁山对杨雄、石秀的待遇，并不因为晁盖闹情绪就降低接待标准。对于这两个存在问题差一点被严肃处理的人，梁山为何还要搞这么盛大的欢迎活动呢？这背后有个人才管理策略，叫标杆示范效应。

庭燎求贤的典故

话说春秋五霸之首的齐桓公，为了使齐国迅速强盛起来，决定面向全国招揽人才。为了表现自己求贤若渴的决心，他在宫廷前燃起明亮的火炬，准备日夜接待各地前来晋见的人才。但是，过了整整一年，还是没一个人上门。齐桓公很沮丧，不知道是国家没有人才了，还是自己的政策缺乏吸引力。

正在迷惑的时候，有一天来了一个乡下人，自称有才。

齐桓公现场测试，那个人展示的才能是什么呢？居然是背诵九九口诀。这哥们儿往那一站，自信满满地开始背诵："一一得一，一二得二，三三得九，四四十六，七七四十九，八八六十四，九九八十一。"他把小九九背了一遍，周围人憋着不敢乐。齐桓公觉得又可笑又可气，可笑的是这个蠢货，只会背小九九；可气的是只会背个小九九，就大胆来应聘，这不是跟我闹着玩儿吗？

没想到这个乡下人自有一番道理，他说："我远道而来，是专门为您解决眼前难题的。我凭九九算法这种微小的技能见君王，无非是为了抛砖引玉。贤士们不来齐国，是因为他们认为您是非常贤明的国君，身边高才众多，各地的人才都担心被您拒绝。如果他们听说您连会背诵小九九的人都给了很好的待遇，那他们必定蜂拥而至。"齐桓公听罢心悦诚服，连连点头表示赞许，给这个人安排了合适的工作。结果不到一个月，各地贤才便云集齐国都城。

这就是标杆示范效应。

智慧箴言

善待眼前人，吸引天下人；善待平常人，吸引非常人。

大家想想看，对于有缺点有毛病的平常人，都能够热情接待，周到安排，给一个合适的待遇，这个消息一旦传扬出去，那么天下的英才自然会纷至沓来。因此，招人才的重点在"招"，一定要立起标杆做足示范，去吸引那些优秀人才。

英雄好汉不是找来的，而是招来的。大家记住，招聘招聘，妙处就在这个"招"字上面。人才像大海里捞针、草垛里找戒指，你上哪儿去找？

人才必须是招来的。立个标杆做个尺度，展示一下你的胸怀境界，英雄好汉看到了一感动，他们自己就来了。人才招聘关键在于一个"招"字，英雄归心关键在于一个"归"字。

安排好杨雄、石秀之后，接下来，水泊梁山开始整顿军马，准备攻打祝家庄。

宋江教唤铁面孔目裴宣计较下山人数，启请诸位头领，同宋江去打祝家庄，定要洗荡那个村坊。商议已定，除晁盖头领镇守山寨不动外，留下吴学究、刘唐并阮家三弟兄、吕方、郭盛护持大寨。原拨定守滩、守关、守店有职事人员，俱各不动。又拨新到头领孟康管造船只，顶替马麟监督战船。写下告示，将下山打祝家庄头领分作两起：头一拨宋江、花荣、李俊、穆弘、李逵、杨雄、石秀、黄信、欧鹏、杨林，带领三千小喽啰，三百马军，披挂已了，下山前进；第二拨便是林冲、秦明、戴宗、张横、张顺、马麟、邓飞、王矮虎、白胜，也带领三千小喽啰，三百马军，随后接应。再着金沙滩、鸭嘴滩二处小寨，只教宋万、郑天寿守把，就行接应粮草。晁盖送路已了，自回山寨。

一个团队的管理者能力是高是低，不仅要看他能否汇聚人才，更要看他能否对各类人才知人善任。手中光有好牌远远不够，还要打得巧、打得妙，才算是一个真正的高手。通过杨雄、石秀上梁山一事，我们看到宋江海纳百川的容人之量。那么，面对手下诸多人才，宋江又是怎样做到知人善任的呢？

策略三：保持人岗匹配，把合适的人安排到合适的位置上

兵马未动，情报先行。宋江跟身边兄弟们商量，早听说祝家庄这地方是有埋伏的，必须先探路才能进兵。让谁探路呢？正说话之间，人群当中"嗷"的一声，跳出来一条好汉，正是黑旋风李逵。

李逵便道："哥哥，兄弟闲了多时，不曾杀得一个人，我便先去走一

遭。"大家注意，一般人闲着没事解闷干什么，也就是看个电影、吃个零食，李逵没事解闷儿干什么，要杀人啊，所以李逵叫天杀星。宋江道："兄弟，你去不得。若是破阵冲敌，用着你先去。这是做细作的勾当，用你不着。"

宋江很有眼光，他选中了石秀去探路。这个安排为后来兵败被围、安全度过危机，以及最终打败祝家庄奠定了基础。

宋江对李逵的人岗定位，就是破阵冲敌，你干不了情报侦察的事。李逵不服："量这个鸟庄，何须哥哥费力！只兄弟自带了三二百个孩儿们杀将去，把这个鸟庄上人都砍了，何须要人先去打听！"

宋江一瞪眼睛呵斥道："你这黑厮给我住口！站一边去！"在宋江跟李逵的关系中，我们能看到，有点像爹跟儿子的关系。儿子淘气调皮，当爹的总拿狠话吓唬他，但是两个人感情特别贴心，谁也不太在意那个狠话的后果。这是一个很有趣的感情关系。

把李逵轰走了，宋江回过头看石秀："石秀兄弟，你曾到得彼处，我想派你和杨林一起去探路。你看如何？"石秀点头答应。

宋江派石秀的理由说什么呢？说他曾经去过祝家庄。可是，大家看，病关索杨雄也去过祝家庄，宋江让杨雄去吗？不让杨雄去。杨雄和李逵一样，是个冲锋陷阵的角色。要想侦察探路，必须找心思缜密、做事精细之人，这个活儿只有石秀可以胜任，不能让杨雄去。这就是宋江的高明之处。

唐太宗论举贤的典故

上令封德彝举贤，久无所举。上诘之，对曰："非不尽心，但于今未有奇才耳！"上曰："君子用人如器，各取所长。古之致治者，岂借才于异代乎？正患己不能知，安可诬一世之人！"

（选自《资治通鉴》）

唐太宗让封德彝举荐有才能的人，封德彝过了好久也没有推荐一个人。太宗责问他，封德彝回答说："不是我不尽心去做，而是当今没有杰出的人才啊！"太宗说："用人跟用器物一样，每种东西都有它的长处，每个人都有他的用处。古来能使国家达到大治的帝王，难道是向别的朝代去借人才来用的吗？我们最大的问题是自己不能识人用人，怎么可以随便说天下没有人才呢？"

清朝顾嗣协有一首诗《杂兴》说得好：
骏马能历险，力田不如牛。坚车能载重，渡河不如舟。
舍长以就短，智者难为谋。生才贵适用，慎勿多苛求。

带队伍做大事，最重要的一条就是人尽其才，物尽其用，把合适的人安排到合适的位置上。

话说石秀领了任务，第二天一大早，打扮成卖柴人，挑着柴担不慌不忙走进了祝家庄。行不到二十来里，只见路径曲折多杂，四下里湾环相似；树木丛密，难认路头。石秀便歇下柴担不走。听得背后法环响得渐近。石秀看时，却见杨林头戴一个破笠子，身穿一领旧法衣，手里擎着法环，于路摇将进来。石秀见没人，叫住杨林说道："看见路径湾杂难认，不知那里是我前日跟随李应来时的路。天色已晚，他们众人都是熟路，正看不仔细。"杨林道："不要管他路径曲直，只顾拣大路走便了。"石秀又挑了柴，只顾望大路先走，见前面一村人家，数处酒店肉店。石秀挑着柴，便望酒店门前歇了。只见店内把朴刀、枪叉插在门前，每人身上穿一领黄背心，写个大"祝"字。往来的人，亦各如此。

石秀第一件事做的是相面，专门找和善的、能沟通的、方便打探消息的。然后，他就看到拐弯处有个老者，一脸和善相。石秀上前很客气地打招呼："老丈，我打探一点消息。您这个地方，风俗咋这么奇怪，为什么刀枪都架在门口？你们这是武术之乡吗？是杂技之乡吗？要开武林大会吗？为什么会有这个奇怪的风俗呢？"

> **智慧箴言**
>
> 遇到生人有三问：谦虚低调问风俗，兴高采烈问天气，和颜悦色问爱好。

老者看看石秀，年轻小伙挺精神、挺客气，回答道："一看你就是外乡人，不要在此间停留了，快走吧！"

石秀道："小人是山东贩枣子的客人，消折了本钱，回乡不得，因此担柴来这里卖。不知此间乡俗地理。"老人道："客人，只可快走，别处躲避。这里早晚要大厮杀也。"石秀道："此间这等好村坊去处，怎地了大厮杀？"

老人道："客人，你敢真个不知！我说与你：俺这里唤做祝家庄，村冈上便是祝朝奉衙里。如今恶了梁山泊好汉，见今引领军马在村口，要来厮杀。却怕我这村里路杂，未敢入来，见今驻扎在外面。如今祝家庄上行号令下来，每户人家，要我们精壮后生准备着。但有令传来，便要去策应。"石秀道："丈人，村中总有多少人家？"老人道："只我这祝家村，也有一二万人家。东西还有两村人接应：东村唤做扑天雕李应李大官人；西村唤扈太公庄，有个女儿，唤做扈三娘，绰号一丈青，十分了得。"

老者越讲越兴奋，忍不住透露出一个关键信息。那老人道："若是我们初来时，不知路的，也要吃捉了。"石秀道："丈人，怎地初来要吃捉了？"

接下来，这老者又道出了一个惊天的秘密。老者慢条斯理地说："我这村里的路，有首诗说道：'好个祝家庄，尽是盘陀路。容易入得来，只是出不去。'"

什么叫盘陀路，就是走迷宫，进来容易出去难。石秀觉得这次找对人了。关键情报，我得拿到。石秀真的善于表演，当时就装出了一副可怜相，而且嘴特别甜。石秀叫了一声"爷爷"。各位注意，刚才叫丈人，现在涨辈分了，叫"爷爷"。

接下来，大家看石秀的表演。石秀听罢，便哭起来，扑翻身便拜，向那老人道："小人是个江湖上折了本钱归乡不得的人，倘或卖了柴出去，撞见厮杀走不脱，却不是苦！爷爷，怎地可怜见小人！情愿把这担柴相送爷爷，只指与小人出去的路罢。"

石秀的沟通策略就是嘴甜装可怜，送礼下本钱。这么沟通，谁都喜欢你。

那老人道："我如何白要你的柴？我就买你的。你且入来，请你吃些酒饭。"石秀拜谢了，挑着柴，跟着老人入到屋里。那老人筛下两碗白酒，盛一碗糕糜，叫石秀吃了。石秀再拜谢道："爷爷，指教出去的路径。"那老人道："你便从村里走去，只看有白杨树便可转湾。不问路道阔狭，但有白杨树的转湾便是活路，没那树时都是死路。如有别的树木转湾，也不是活路。若还走差了，左来右去，只走不出去。更兼死路里，地下埋藏着竹签、铁蒺藜。若是走差了，踏着飞签，准定吃捉了。待走那里去？"石秀拜谢了，便问："爷爷高姓？"老人道："这村里姓祝的最多。惟有我复姓钟离，土居在此。"这位老人，对于梁山打破祝家庄是有巨大贡献的。从后来的战斗进程来看，老人给石秀提供的这条信息，在打破祝家庄的过程中，起到了关键性的作用。

情报已经拿到，石秀满心欢喜，拜谢了老人。正说之间，只听得外面吵闹。石秀听得道："拿了一个细作。"石秀吃了一惊，跟那老人出来看时，只见七八十个军人背绑着一个人过来。石秀看时，却是杨林，剥得赤条条的，索子绑着。石秀看了，只暗暗地叫苦，悄悄假问老人道："这个拿了的是甚么人？为甚事绑了他？"那老人道："你不见说他是宋江那里来的细作？"石秀又问道："怎地吃他拿了？"那老人道："说这厮也好大胆，独自一个来做细作，打扮做个解魔法师，闪入村里来。却又不认这路，只拣大路走了。左来右去，只走了死路。又不晓的白杨树转湾抹角的消息。人见他走得差了，来路蹊跷，报与庄上大官来捉他。这厮方才又掣出刀来，手起伤了四五个人。当不住这里人多，一发上去，因此吃拿了。

有人认得他,从来是贼,叫做锦豹子杨林。……"说言未了,只听得前面喝道,说是庄上三官人巡绰过来。石秀在壁缝里张时,看见前面摆着二十对缨枪,后面四五个人骑战马,都弯弓插箭。又有三五对青白哨马,中间拥着一个年少的壮士,坐在一区雪白马上,全副披挂了弓箭,手执一条银枪。石秀自认得他,特地问老人道:"过去相公是谁?"那老人道:"这官人正是祝朝奉第三子,唤做祝彪,定着西村扈家庄一丈青为妻。弟兄三个,只有他第一了得。"

石秀继续装可怜:"爷爷,你救救我吧,我避避风头,等天亮了再走。"老爷子说:"行,你就先躲在我这里,天明再走。"石秀拜谢,自去屋后草窝里睡了。

话分两头,但说梁山主将宋江宋公明,第二天见派出去的杨林、石秀都不回来,心中焦躁,随即传将令,叫军士都披挂了。李逵、杨雄前队做先锋,李俊引军断后,穆弘居左,黄信在右,宋江、花荣、欧鹏等统领中军,摇旗呐喊,擂鼓鸣锣,大刀阔斧,奔祝家庄杀来。但是,宋江没有想到,祝家庄早已经安排下天罗地网。

只见独龙冈上,千百火把一齐点着。宋江冲到庄下发现,这祝家庄有三层寨墙,墙高两丈宽能跑马,下边都有深深的护城河。前后的吊桥拉得高高的,庄上打下来灰瓶炮子、滚木礌石,弩箭如雨点般射来。宋江在马上喊道:"取旧路回军。"只见后军头领李俊人马先发起喊来:"不好了,来的旧路都阻塞了,必有埋伏。"宋江叫军兵四下里寻路。李逵挥起双斧,往来寻人厮杀,却不见一个敌军。只见独龙冈上山顶,又放一个炮来,响声未绝,四下里喊声震地,惊得宋公明目瞪口呆、不知所措。你便有文韬武略,怎逃出这地网天罗?一打祝家庄,梁山军马陷入绝境,面临全军覆没的危险。危急时刻,石秀及时出现在宋江马前,把从钟离老人处得来的情报汇报给宋江。全军按照"白杨树转弯"的办法,顺利脱离了险境。

由于宋江事前对石秀这个人才合理安排、准确使用,在危急时刻,整个队伍才能够转危为安。

> **智慧箴言**
>
> 做事业制度是起点,文化是顶点,人才是关键,用对一个人,盘活一个局面。

如果当初晁盖求全责备,意气用事,把石秀斩了,那么此刻梁山队伍真有全军覆没的危险。

这次一打祝家庄,石秀非常出色地完成了侦察任务,让宋江和众头领见识到了他的本领与胆识。也是因为这次的出色表现,石秀奠定了后来在梁山团队中专门负责打探消息、掌管侦察工作的地位。

祝家庄战役的缘起是时迁偷鸡,因为时迁偷人家报晓鸡,店小二逞强非要让赔鸡,杨雄、石秀一怒之下火烧祝家店,时迁被活捉,李应要人不成反而受伤,最后导致轰轰烈烈的三打祝家庄。因此,三打祝家庄这段故事,也可以叫"一只鸡引起的战争"。一开始水泊梁山并没有找到攻破祝家庄的好办法,后来凭借孙立、孙新、解珍、解宝等好汉的加入,才利用反间计顺利打破了祝家庄。这段故事再一次证明,做大事必须有队伍,队伍是胜利的保证,人才是成功的关键。在《水浒传》的整个故事中,这种结义、认义的模式是贯穿始终的。

通过杨雄、石秀上梁山的这段曲折经历,我们看到,做五湖四海的事情就要有五湖四海的队伍,要有五湖四海的队伍,必须修炼五湖四海的胸怀。山不择垒土而能成其高,海不择细流而能成其大。

> **智慧箴言**
>
> 干事业的胸怀包括两个方面,一方面是认可,另一方面是认同。看到别人的优点,要多认可,不能嫉妒,不能排挤;看到别人的缺点,要认同,不能完美主义,不能求全责备。

一个队伍的带头人，必须正确看待别人的缺点与不足，接受人和人之间的差异，尊重多样化，保持多样化，只有这样，队伍才能够不断壮大起来。无数古往今来的成功经验都证明了一个简单道理：

> **智慧箴言**
>
> 小胜靠智，大胜靠德，常胜靠人，久胜靠修；胸怀有多大，事业就有多大，境界有多高，成就就会有多高。

到此为止，《水浒智慧3》已经整整讲了十一讲，我以人物为核心，使用倒叙和插叙结合的方式，给大家讲了英雄好汉玉麒麟卢俊义、浪子燕青、病关索杨雄和拼命三郎石秀上梁山的精彩故事。

讲到三打祝家庄这个点上，《水浒智慧3》的内容也进入尾声了。祝家庄战役是水泊梁山发展中一次具有转折意义的战役，包含城市攻坚战、骑兵野战、步兵阵地战，还有间谍潜伏战。经过这次战役的洗礼，梁山从弱到强、从小到大，威震天下，走向繁荣。

在三打祝家庄过程中，水泊梁山又新收了病尉迟孙立、小尉迟孙新、出林龙邹渊、独角龙邹润、两头蛇解珍、双尾蝎解宝、母大虫顾大嫂、铁叫子乐和等英雄好汉。三打祝家庄的过程可以说跌宕起伏、异彩纷呈。那么，号称铜帮铁底、三头八臂哪吒庄的祝家庄是怎么被攻破的？孙立、孙新、解珍、解宝这些好汉又是如何被逼上梁山的，其中又有怎样的精彩故事呢？敬请大家关注《水浒智慧4》的内容。《水浒智慧3》的内容到这里就全部结束了，谢谢大家！

后 记

非常感谢老师的邀请，为这本书代写后记。文笔生疏，兴奋之余还是有一些惶恐，词不达意之处请各位朋友见谅。

收到老师信息时，我正在游览徽州古城。徽州古城有"东南邹鲁、礼仪之邦"的美誉，走在巷子里，青石小路两侧有很多保留下来的书院、私塾。这些建筑很容易让人联想到当时文风昌盛、教育发达的场景——"远山深谷，居民之处，莫不有学有师、有书史之藏"。这样的氛围下，这里走出了皖派宗师戴震、教育家叶圣陶，还有朱熹、胡适等人。在古城之一的宏村，我特别参观了被称为宏村文脉的南湖书院，黛瓦粉墙，依湖而建，静谧安然，实在是一个适合读书的好去处。

我对书院有亲近之感，一来是向往古人求学问道的环境，二来自己有幸加入了一个对我人生有重要意义的书院——赵老师于2013年创办的北京九思书院。作为第一批加入书院的学子，我见证了书院的成长壮大，见证了老师的耕耘与奉献，见证了同门小伙伴朝着自己的人生方向越走越好。在这个过程中，我也有了人生最重要的成长。

我时常回忆书院第一次研习的场景，清楚地记得和大家一起诵读《论语》第一篇《学而》。琅琅书声入耳，似一记钟声，把我恍然敲回了童年，敲回了那个还摇头晃脑背唐诗宋词的文化启蒙时期。当时，我十分感动。这种感动的心情时隔多年依然很真实、鲜明地存在。我也常常觉得所谓初心就是当初某个瞬间强烈的感觉，而这种感觉不会因为时间的冲刷变得模糊，它是真真切切的、随时随地可触摸的。不忘初心，就是要对自己的回忆真诚，要好好珍藏它，而且要能从这份珍藏的回忆中接收到能量。书院一直是这样一个给予我能量的地方。

我和很多"玉佩"（赵老师学生的昵称）一样，非常喜欢听赵老师讲课，他总是能寓教育于轻松幽默当中。最早听老师课的时候，我常常揣着一堆问题等着下课问老师，却根本没有什么机会，一下课讲台上就围满了人。本着让老师早点休息的原则，我基本不会上前。而其实往往听完一堂课，我的问题好像都能找到答案似的，也只有老师的课有这样的"魔力"。一路听下来，我好像变成了"无问题学生"。这并不是说什么问题我都能处理好，而是我渐渐通过老师的教导学会了以怎样的心态去看待问题、分析问题，进而选择恰当的方式去处理它们。

我记得老师讲赵州禅师的案例时，说了这样一句话："我们每个人的心都是一轮明月，为什么不闪光？因为天上有云彩。我们的修炼不是再造一个明月，而是去掉那些云彩。"还有一句话，我印象深刻："找到原因，症状自然消失。"这两句话给了我很大的启示。生活中，无论如何都会出现一些不如意。我曾经常常观察自己精神世界里产生的那些不好的情绪，它们有时会停留好几天，即使我清楚地感知到它们的存在，也明白这些情绪只能起反作用，却依然找不到可以消除的办法。而当听老师讲到这两个道理时，我突然明白过来，我的云彩除了那些不好的情绪，更重要的还有让我产生这些情绪的源头。后来，我有意识地观察了自己一段时间，发现很多时候自己在处理一些事情时，还是跟着过去的错误思维和不当的行为惯性走了，最终导致的不好结果影响了我的情绪。人的惯性是最难改变的，因为大多数时候，改变是令人不舒服的。当理解到改变虽然不舒服但可能很有用时，我尝试理解老师所讲的修炼。对我来说，更好的修炼是：当过去没有处理好的一些场景再次以类似的方式出现的时候，能够马上意识到，然后放下情绪，用理性结合之前的反思，以当下觉得更好的方式去处理。这可能需要好几个回合，但一旦建立新的思维、行为习惯之后，这部分云彩便很少出现了。当然，反观现在的自己，道理虽然想得还算清楚，但依然有很多时候做不到，或者做得不够好。我也越来越明白，其实真正的修炼和成长都体现在当下，当下成长了，才算真正成长了。

除了在课堂上、公开课上能听到老师的教导，老师还创办了一个微信自媒体"平讲平说"（pingjiangpingshuo），分享他关于生活、教育、企业管理、文化传承等方面的思考。没有抢眼的噱头，没有多余的营销，老师每天一段语音，简单朴素。得老师提携，我作为平台维护成员之一，有幸和平台一起成长，也"结交"了很多未曾谋面的朋友。很多人表达了在关注平台之后，他们因为老师讲的某句话、某个故事而受启发，做出了怎样的改变，给生活带来了如何好的变化。每每看到有朋友因为老师的坚持，生活哪怕发生了一点点向好的变化，我都觉得很开心、很感动。除了分享，大家也会通过后台向老师请教很多问题，我们推送的一些主题就是老师从大家的留言中整理、归类而来的，可以说是源于生活、走向生活了。我们的图文消息偶尔会比正常的推送时间晚一些，一些朋友到时间刷不出来，就会在后台留言，关切地问，是不是老师嗓子又不好了。多数情况下是这个原因，老师平常课程多，经常在讲台上一站就是八小时。我们不会特别告知大家，但老师沙哑的嗓音暴露了一切。后来，有些朋友强烈要求老师多休息，少熬夜，"平讲平说"也可以隔天更新，但我觉得老师可能把大家的关心当成了动力，现在他的语音基本都是半夜两三点发过来的。"平讲平说"成了老师的习惯，也成了很多听众朋友的习惯。这也是我第一次这么长时间坚持做一件事，第一次对坚持的意义有了深刻的体会。

关于写书这件事，老师也是非常认真的，他在《跟司马懿学管理》一书的自序里写道："写作的时候经常想到安徒生童话《海的女儿》里的小人鱼，每一步都像在锥子和利刃上行走，可是情愿忍受这种痛苦，走起路来轻盈得像一个水泡。"透过这段话，我好像看到老师深夜不眠琢磨写作思路，看到他在飞机上、高铁上、餐桌旁利用边边角角的时间创作的场景。老师说，要想给别人一个西湖，自己得有一个太平洋，他现在依然保持每天读书两小时的习惯。我想，这也是这么多年听老师的课、看老师的书，依然常听常新、常读常新的原因之一。在老师诸多著作描述、塑造的人物里，我最喜欢的是朱武。用老师的话说，朱武是个有智慧的人，进能建功，退能自保，以思想自由和生活快乐为理想，有自己的生活情趣，凡事从容收放，大而化之。赵老师的《梁山政治》一书便是以朱武为切入点写的。这本书我用了一个晚上读完，情节流畅，文字处理得极好，整个过程如同与有趣的灵魂对话一般。本书对朱武也多所着墨，有种老友重逢的感觉。这本书同样花了老师很多时间和心血，书中塑造了多个个性鲜明的人物，谦虚谨慎的宋江、冷静多谋的吴用、忠义且多才多艺的燕青等。这些人的性格都是双面的，在这些人物性格的另一面，我常常能看到自己的影子。老师通过文字给出了相应的分析和很多对应的策略方法，这些对我的工作生活都有非常好的借鉴和指导意义。

祝愿手捧此书的朋友们，能够和我一样，从水浒英雄的故事中，从老师的文字中汲取人生的能量！

北京九思书院　缪晓红

出 版 说 明

本书以作者在CCTV-10《百家讲坛》所作同名讲座为基础整理润色而成，并保留了作者在讲座中的口语化风格。